Kochbuch der Erde

Winfried Kuhn

Nünnerich-Asmus
Verlag & Media

IMPRESSUM

Meiner Tochter Tamara gewidmet
Danke!

176 Seiten mit 177 Abbildungen
Titelabbildung: Collage aus verschiedenen Gesteinen und Landschaften (Sempol, Jawa Timur, Indonesia; Chinandega, Chinandega, Nicaragua; Solfatara). Bilder der Gesteine © W. Kuhn. Landschaften © Pexels.

Bibliografische Information der Deutschen Nationalbibliothek
Die Deutsche Nationalbibliothek verzeichnet diese Publikation in der Deutschen Nationalbibliografie; detaillierte bibliografische Daten sind im Internet über http://dnb.dnb.de abrufbar.

ISBN 978-3-96176-212-5

Lektorat: Tina Sieber, Laura Kuddes, Marlene Becker
Gestaltung des Titelbildes: Hans Jürgen Wiehr, Mainz
Gestaltung: Manuela Wirtz, Schüller

Aus Gründen der besseren Lesbarkeit wird auf die gleichzeitige Verwendung der Sprachformen männlich, weiblich und divers (m/w/d) verzichtet. Sämtliche Personenbezeichnungen gelten gleichermaßen für alle Geschlechter.

Printed in Europe by Nünnerich-Asmus Verlag & Media
Weitere Titel aus unserem Verlagsprogramm finden Sie unter:
www.na-verlag.de

INHALT

REZEPTE ERGÄNZT UM SPEZIALITÄTEN AUS RHEINHESSEN UND UMGEBUNG 90

VORWORT

Zur genussvollen Lektüre dieses Kochbuchs im übertragenen wie auch im eigentlichen Sinn bedarf es einer Prise Humor. Denn wer wäre tatsächlich imstande, die jeweils erforderlichen physikalischen Bedingungen in der eigenen Küche zu gewährleisten? Es wird wohl niemanden geben, der zu Hause einen Hochofen zur Erreichung der erforderlichen hohen Temperaturen oder ein Forschungslabor für die Erzeugung der hohen Drücke zur Verfügung hat, um bspw. metamorphe Gesteine herzustellen. Und niemand erlebt tatsächlich die immensen Zeitspannen über teilweise Tausende bis Millionen Jahre, in denen solche Prozesse ablaufen. Das kann, realistisch gesehen, im großen Stil einzig und allein unser Planet Erde.

Die Idee für ein geologisches Kochbuch kristallisierte sich im Laufe meiner Führungen auf dem Brandungskliff bei Eckelsheim in Rheinhessen. In den Jahren 1999/2000 wurden die brandungsgeformten Felsen des Kliffs in der Kiesgrube der RKS bei Eckelsheim freigelegt. Kaum jemand der Teilnehmenden kannte das Gestein Rhyolith, aus dem das Kliff besteht. Ich versuchte, die Eigenschaften dieses Gesteins verständlich zu machen. In diesem Zusammenhang kam mir der Gedanke, die Bestandteile und Entstehungsbedingungen wie in einem Kochrezept aufzuzeigen. Damals hatte ich den Eindruck, dass es recht gut funktioniert hat. So entwickelte ich allmählich die Idee, geologische Zusammenhänge in dieser neuen Interpretation in einem Buch darzustellen.

Anfangs hatte ich mich allerdings gefragt, welcher Verlag sich überhaupt auf diese verrückte Idee einlassen würde. 2016 entstand mit dem Jubiläum 200 Jahre Rheinhessen der Kontakt zum Nünnerich-Asmus-Verlag. Frau Dr. Nünnerich-Asmus ermutigte mich, das Konzept umzusetzen. Ganz herzlichen Dank dafür! Das Resultat halten Sie jetzt in den Händen.

Überdies gilt mein Dank meinen Kollegen Roger Lang und Dr. Andreas Eberts, dem Ehepaar Heribert und Sybille Erbes aus Spiesheim sowie dem Team des Nünnerich-Asmus-Verlages.

Bei den Rezepten geht es mir nicht um absolut exakte geowissenschaftliche Mengenangaben der Zutaten und der Entstehungsbedingungen der jeweiligen Gesteine. Vielmehr versuche ich, wesentliche Hauptbestandteile, Bildungsbedingungen und Zusammenhänge zu vermitteln. Die Übung im „Abschmecken" entwickelt sich erst nach und nach durch die Auseinandersetzung mit dem jeweiligen Gestein, durch Erfahrung und Fingerspitzengefühl. Bei unseren Rezepten ist daher Kreativität gefragt, ebenso wie bei den situationsbedingten Varietäten der Zutaten. Die Umsetzung der Rezepte erfolgt ausdrücklich auf eigene Haftung. Für Misslingen der Produkte oder gar für daraus resultierende Vulkaneruptionen oder Erdbeben wird keinerlei Schadensersatz übernommen.

Schauen Sie doch mal in das Kochbuch Ihrer Großmutter, falls sie es Ihnen vermacht hat. Damals standen meist nur wenige Zutaten im Rezept. Aber viel wichtiger als die Zutaten im Kochbuch sind die handschriftlichen Anmerkungen am Rand. Solche Feinheiten haben dem jeweiligen Gericht immer eine besondere persönliche Note verliehen. Mit einiger Erfahrung und der Verfügbarkeit an Zutaten werden Sie selbst diese Grundrezepte mit etwas Fantasie abändern. Regionale Spezialitäten mit gleichem Namen haben von Ort zu Ort vielfach eine etwas abgewandelte Rezeptur. Denken Sie bspw. an die rheinhessischen Backesgrumbeere und an den Streit um das Originalrezept.

Nicht anders verfährt unsere Erde. Sie benutzt je nach Situation nach einem gewissen Grundrezept immer die Zutaten, welche gerade regional zur Verfügung stehen. Daher weisen Gesteine je nach Region auch immer etwas variierende Zusammensetzungen auf. Das jedoch macht Geologie so interessant und fordert uns heraus, die Prozesse an den jeweiligen Entstehungsorten zu verstehen. Oder zumindest, es zu versuchen. Sedimente, magmatische Gesteine und ganz besonders metamorphe Gesteine sind daher vielfach individuell zusammengesetzt. Teilweise vermischt die Erde auch verschiedene Gesteinsgruppen. Das passiert bspw. dann, wenn glühende magmatische Gesteine in metamorphe Gesteine eindringen und diese dabei in gewissem Maß aufschmelzen und verformen.

Abb. 1 Aufgeschmolzenes und verformtes Granitfragment in einem basaltähnlichen Gestein

Solche Kompositionen habe ich bei Sasbachwalden im Schwarzwald gesehen (Abb. 1). Dann erinnert das Gestein ein wenig an Marmorkuchen.

Strukturen von Marmorkuchen entstehen in sinniger Weise ganz besonders bei metamorphen Gesteinen. Unterschiedliche Gesteine bzw. Schichten werden unter hohem Druck und erhöhter Temperatur miteinander verfaltet und verknetet (vgl. Abb. 108). Um solche Strukturen zu sehen, müssen Sie nicht weit fahren. Bereits auf dem nächsten Friedhof können Sie solche Formen in Grabsteinen erkennen. Sie ehren die Verstorbenen und lassen zuweilen das Herz des Besuchers aufgrund ihrer mineralogischen Zusammensetzung und Struktur ein wenig höherschlagen.

Allerdings erschließen sich Ihnen erst draußen in der Natur weitaus bedeutendere Zusammenhänge für die Kochrezepte der Natur. Auf dem Sofa ist es von Zeit zu Zeit sehr angenehm, schöne Bilder anzuschauen. Besonders bei schlechtem Wetter. Aber stattdessen erkennen Sie erst beim Wandern in den Mittel- oder Hochgebirgen, aber auch in den Flusstälern und an den Küsten die Vielfalt der geologischen Abfolgen und Strukturen gleichzeitig mit den Wechselwirkungen von Gestein und Klima. Und in unserem speziellen Fall in Rheinhessen.

Habe ich Ihre Neugierde an den Rezepten der Erde geweckt? Dann wünsche ich Freude beim theoretischen Zubereiten der Rezepte und ein gutes Gelingen!

Zum Einstieg in das Kochbuch lade ich Sie zuvor auf eine Zeitreise in verschiedene Epochen der Erdgeschichte ein, um fast wie im Urlaub unbekannte Landschaften und deren Bewohner zu entdecken. Dort erleben wir aufgrund wissenschaftlicher Grundlagen mithilfe unserer Fantasie die durch unterschiedliche Klimabedingungen entstandene Landschaften.

Für Unterstützung danke ich:

Rheinhessen WO WEINE ZUHAUSE SIND

KULTURFONDS PETER E. ECKES

JUWÖ POROTON

Rheinhessen FREUNDESKREIS

EINLEITUNG

EINE REISE MIT DEM HELIKOPTER ÜBER DEUTSCHLAND VOR 30 MILLIONEN JAHREN

Die Turbinen dröhnen. Der Helikopter, in den wir gerade eben am Strand eingestiegen sind, hebt ab und gewinnt rasch an Höhe. Allmählich schwenkt er über dem Meer von Südosten nach Westen ein. In einer Flughöhe von 3.000 Fuß folgt er der Küste des mittelgebirgsartigen Faltengebirges, das den Meeresarm im Süden begrenzt. Deutlich zeichnen sich weiße Flussdeltas gegen das tief türkisgrüne Meer ab. Diese Flüsse tragen den Gesteinsschutt des unmerklich aufsteigenden Gebirges in das in gleichem Maß davor absinkende Meeresbecken. Vereinzelt durchbrechen fjordartige Buchten die bewaldeten Bergketten. Die weit entfernte Nordküste des Meeres steigt nur allmählich an, erkennbar am fließenden Übergang von dunklen zu hellen Blautönen. Auch hier lagern Flüsse ihre helle Sandfracht im Übergang zum Meer ab. Galeriewälder begleiten die Wasserläufe der ansonsten wenig gegliederten Savannenlandschaft des nördlichen Festlandes.
Nach etwa 20 Minuten Flugzeit verzweigt sich das Meeresbecken in einen südlichen und einen nordöstlichen Ast. Der Helikopter folgt dem nordöstlichen Teil. Rasch verflacht das Meer. Eine Untiefe verhindert fast völlig den Austausch mit der nun scharf gegen Norden umbiegenden, etwa 30 km breiten Meeresstraße. Der Helikopter schwenkt ein. Bald erheben sich links und rechts des Meeresarms mit üppiger Vegetation bestandene Gebirgsflanken schroff aus den beidseitigen Küstenebenen. Nach einiger Flugzeit verflachen die Küstengebirge allmählich. Etwas später verbreitet sich die Meeresstraße im weiteren Verlauf allmählich zu einem dreieckig-keilförmigen Binnenmeer. An seiner Nordost-Ecke setzt sich die Meeresverbindung in Richtung Nordmeer fort. Hier fliegt der Helikopter eine Schleife nach Westen und folgt der flach gewellten Küste zunächst entlang des Nordrandes, etwas später nach Süden, und überfliegt eine weite Bucht. Am Horizont taucht ein aus wenigen kleineren Inseln bestehender Archipel auf. Das mit vorwiegend dunkelgrünen Wäldern bedeckte Festland ist nicht allzu fern. Der Helikopter verlangsamt nun die Geschwindigkeit und sinkt allmählich auf wenige Meter über dem Meer. Das Flachwasser wird gepeitscht durch die Luftzirkulation der Rotoren. Sand des trockenen Strandes wird aufgewirbelt. Schließlich setzt er am flachen Sandstrand der Küste auf. Er ist angelangt am Ziel seiner Reise: vor 30 Millionen Jahren im Oligozän-Zeitalter an der Südküste einer Halbinsel bei dem heutigen Alzey-Weinheim im westlichen Mainzer Becken.
Unmittelbar neben dem Landeplatz steht für uns nun eine stationäre Zeit-Raum-Fähre bereit. Sie transportiert uns in programmierbare Zeitzonen der regionalen Erdgeschichte. Aber zunächst ein kleiner Rückblick.

So oder so ähnlich könnte sich eine Flugreise im Erdzeitalter des Oligozäns abgespielt haben. Deutschland vor etwa 30 Millionen Jahren ist nicht wiederzuerkennen. Meeresstraßen durchziehen den Kontinent, der in der Gegenwart Europa heißt (Abb. 2). Fast ein wenig wie Venedig im Großformat. Begonnen hat unser virtueller Helikopterflug in der Region der heutigen Stadt Passau. Das Alpenvorland war durch den Druck des von Süden heranschiebenden alpinen Gebirgskomplexes trogartig eingemuldet, sodass es vom Meer überflutet wurde. Die Alpen hatten vor 30 Millionen Jahren vermutlich ein Aussehen, als hätte man begonnen, ein überdimensionales Tischtuch zusammenzuschieben (vgl. Abb. 2). Und das Alpenvorland hatte vermutlich eine vergleichbare Form wie die vertiefte Wasserfläche vor der Bugwelle eines fahrenden Schiffes. Die Alpen waren zu diesem Zeitpunkt noch nicht zu dem Hochgebirge aufgefaltet, wie wir es heute kennen. Sie hatten wohl eher den Charakter eines Mittelgebirges. Dennoch hatte schon damals die

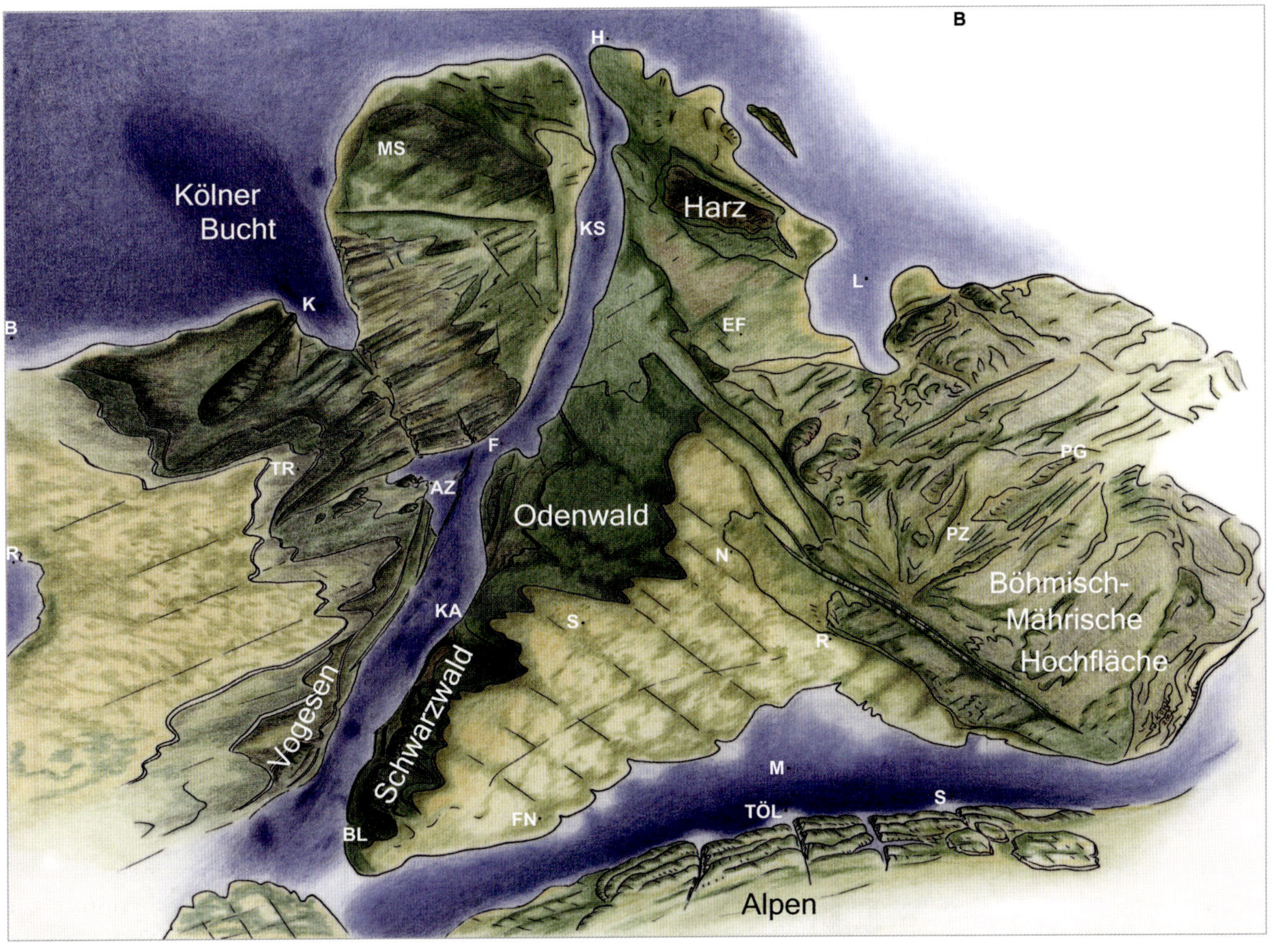

Abb. 2 Rekonstruktion der Land-Meer-Verteilung im Oligozän Mitteleuropas vor rund 30 Millionen Jahren

Abtragung eingesetzt. Flüsse transportierten den Verwitterungsschutt der sich allmählich heraushebenden Alpen in die nach Norden anschließende Region. Geologen sprechen hier vom Molassebecken. „Die Molasse ist die Vortiefe, die den Schutt des im Süden aufsteigenden Alpengebirges aufgenommen hat.“ Diese Definition meines verehrten Lehrers Prof. Dr. Herbert Hagn in München hat sich bei mir unlöschbar eingeprägt. Das Molassebecken erstreckt sich entlang der Nordalpen von Frankreich, der Westschweiz bis in die Region von Wien (Hagn 1981: 11 ff.).

Den Untergrund und die Nordküste des Molassebeckens bildeten die Jura-Kalke der Schwäbisch-Fränkischen Alb. Erst im Laufe der Zeit wurde das Molassebecken durch den Druck der aufsteigenden Alpen weiter eingetieft und die Südwestdeutsche Scholle etwa zwischen Villingen-Schwenningen und Passau in Richtung Südosten schräggestellt. Weiter im Westen ist unser Helikopter dem Verlauf des Oberrheingrabens gefolgt. Durch den Schub der Alpen in Richtung Nordwesten war der Graben vor 30 Millionen Jahren so weit eingesunken, dass auch er von Meer überflutet wurde. Gleichzeitig hoben sich an den Flanken die Randgebirge. Schwarzwald und Vogesen, Odenwald und Pfälzerwald begrenzen auch heute noch den Oberrheingraben. Lediglich das Meer ist verschwunden.

Als der Heli das verbreiterte Binnenmeer erreicht, sind wir im Mainzer Becken angekommen. Die Meeresverbindung erstreckt sich im Raum des heutigen Frankfurt/Main weiter nach Nordnordost über den Meeresarm der Hessischen Senke zum Harz und trifft dort auf die Paläo-Nordsee. Das Meer ist zu diesem Zeitpunkt wegen eines globalen Meeresspiegelanstiegs bis zum Nordrand der Mittelgebirge vorgedrungen (vgl. Abb. 2).

Allerdings folgen wir diesem Meeresarm nicht, sondern fliegen zuvor in einem großen Schwenk gegen den Uhrzeigersinn an den Strand oberhalb der Weinheimer Bucht, wo die Zeit-Raum-Fähre auf uns wartet. Sind Sie neugierig geworden und kommen

mit? Sind Sie auf Abenteuer aus und bei dieser Gelegenheit bereit, als Zeitreisende auf Erkundungstour zurück in die Erdgeschichte zu starten?
Steigen wir ein, um die unterschiedlichen Epochen der regionalen Entwicklungsgeschichte zu erleben. Permanenter Klimawandel verändert die Lebensbedingungen auf unserer Zeitreise. Um Ihnen einen Einblick in die Erdgeschichte von Alzey zu ermöglichen, habe ich Ihnen einen geologischen Fahrplan mitgebracht (vgl. Abb. 34), der Sie mit ein wenig Fantasie in frühere Epochen der Erdgeschichte bringt. Begleiten Sie mich mithilfe Ihrer Vorstellungskraft doch einfach auf eine spannende Reise durch Raum und Zeit in die Erdgeschichte der näheren Region. Lassen Sie uns starten. Die Einstiegsluke schließt sich.

Auf der Tastatur der Kommandozentrale geben wir in die Suche ein: „Älteste erdgeschichtliche Epoche im Raum Alzey“. Auf dem Display erscheint die Anzeige:

Um den Werdegang dieser Landschaft zu verstehen, müssen wir so weit zurückreisen. Sie brauchen keine weiteren Vorkehrungen zu treffen. Es geschieht Ihnen nichts, außer dass es Ihnen manchmal etwas warm wird oder dass Sie ein wenig nass werden. Aber das macht nichts, es trocknet ja wieder. Und kurzzeitig könnte es Ihnen auch ein wenig kalt werden. Aber nur kurzzeitig. Nehmen Sie ein paar Gläser mit und eine gekühlte Flasche Wein aus der Region, oder, wenn Sie wollen, auch eine Flasche Mineralwasser. Einfach für zwischendurch. Vielleicht auch ein Picknick. Und dann lehnen Sie sich bequem zurück.

Die Anzeige unserer Zeitmaschine rast rückwärts, wird langsamer und bleibt allmählich stehen. Auf dem Display blinkt die Anzeige:

Wir sind angekommen. Im Zeitalter des Unter-Perms, das die Geologen auch das Rotliegend nennen. Wir öffnen nun vorsichtig die Luke, heiße Luft strömt in unsere Kabine.
Doch bevor wir aussteigen, um die unbekannte Landschaft zu erkunden, noch ein wesentlicher Hinweis: Es ist oberstes Gebot für alle Zeitreisenden, keine gravierenden Spuren zu hinterlassen oder Veränderungen vorzunehmen. Weder auf dem Festland noch in Form von irgendwelchen Gegenständen, die weggeworfen oder vergessen werden könnten. Zudem dürfen weder Pflanzen noch Tiere angefasst, in irgendeiner Weise beeinflusst oder mitgenommen werden. Denn dadurch könnten der Lauf der Erdgeschichte und die Evolution beeinflusst werden. Das könnte im schlimmsten Fall Auswirkungen auf unsere heutige Existenz haben oder sie sogar infrage stellen.
Das Zeitalter des Karbons, das Zeitalter der feucht-tropischen Farn-, Siegel- und Schuppenbaumwälder (Abb. 3) – als Sedimente abgelagert wurden, die in der heutigen Zeit bis vor Kurzem noch als Steinkohlen abgebaut wurden – ist zu Ende gegangen. Im Zeitraffer unserer Zeitmaschine wandelt sich ganz allmählich das Landschaftsbild. Nach und nach wird das Klima trockener, bis es sich später in der Zechstein- und Buntsandstein-Zeit zum Wüstenklima verändert. Klimawandel im ausgehenden Erdaltertum. – Die Erde war nicht immer so, wie wir sie heute kennen.
Steigen wir jetzt aus unserer Zeitmaschine aus und erkunden ein wenig die für uns fremde Landschaft. Die Region, über die wir blicken, vermittelt den Eindruck einer savannenartigen Parklandschaft, z. T.

Abb. 3 Vegetation eines Sumpfwaldes im Übergang von der Karbon- zur Rotliegend-Zeit vor rund 290 Millionen Jahren, Diorama im Geoskop

Abb. 4 Seenlandschaft in der Rotliegend-Zeit (Gemälde Bechter 1932)

einer Halbwüste. Gras gab es in der Rotliegend-Zeit noch lange nicht. Auch noch keine Vögel. Wir würden vergeblich danach suchen, denn sie werden sich erst viele Millionen Jahre später entwickeln. Lediglich das Surren von Insektenflügeln liegt in der Luft. Fast wie auf einem anderen Planeten. Auf den trockeneren, sandigen Höhenzügen wachsen Vorläufer unserer heutigen Nadelbäume. Dagegen breiten sich baumgroße Schachtelhalme in den sumpfigen Niederungen des Uferbereichs eines flachen Sees aus (Abb. 4). Eine leichte Brise kräuselt die Wasseroberfläche. Am Ufer bilden exotische Siegel- und Schuppenbäume und zahlreiche urtümliche Farnpflanzen lichte Wälder. Knapp unter der Wasseroberfläche stiebt ein Schwarm von urtümlichen Schmelzschuppenfischen vor dem Angriff eines ebenso urtümlichen, etwa 2 m langen Süßwasserhaies in alle Richtungen (Abb. 5). Nebenan raschelt es im ufernahen Gebüsch. Ein Dachschädellurch mit mehr als 1 m Länge schiebt sich aus dem Wasser (Abb. 6). Er hat einen der Schmelzschuppenfische erbeutet.

Schön ist es hier am See. Man könnte die Füße ein wenig ins Wasser strecken. Doch denken Sie daran, wir sind auf Zeitreise. Erschütterungen des Bodens zeigen uns unruhige Zeiten an. Erdbeben. Glutflüssige Magmen dringen aus großer Tiefe auf und erreichen entlang tief reichender Klüfte die oberflächennahen Zonen der Erdkruste. Vulkanische Aschen werden ausgeschleudert. Lässt der Druck in der Magmenkammer etwas nach, fließen teilweise gasreiche Lavaströme durch einige Täler der Landschaft. Mit erneutem Druckanstieg wölbt sich etwas später im Südwesten die Erdoberfläche durch aufsteigendes Magma auf. Der Donnersberg ist im Entstehen begriffen (Abb. 7). Er wird nie zum Vulkan werden, denn das Magma bleibt unmittelbar unter der Oberfläche stecken. Erneut werden vulkanische Aschen ausgestoßen. Aber jetzt in einer etwas anderen mineralogischen Zusammensetzung. Später bilden sie wichtige Leithorizonte in der Abfolge der Gesteine (vgl. Abb. 121).

Abb. 5 Unterwasserszene mit urtümlichen Süßwasserhaien und Schmelzschuppenfischen, Diorama im Geoskop

Abb. 6 *Lebendrekonstruktion eines Dachschädellurchs (*Sclerocephalus *sp.), Diorama im Geoskop*

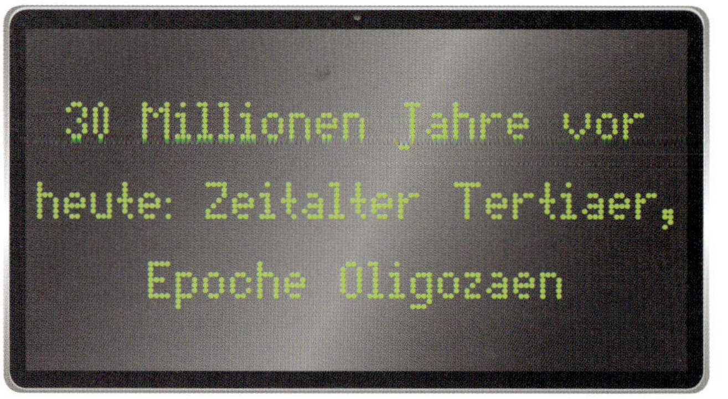

Jetzt ist es für uns Zeitreisende auch schon an der Zeit, dieses Erdzeitalter zu verlassen. Wir begeben uns rasch zurück in die Zeit-Raum-Fähre und schließen die Luke. Am Computer des Kommandostands unserer Zeitmaschine programmieren wir den nächstmöglichen erkennbaren Zeitabschnitt für die Region um Weinheim.

Die Anzeige unserer Zeitmaschine rast vorwärts. Nach einem unscharfen Suchlauf über 260 Millionen Jahren zeigt das Display einen Treffer bei 30 Millionen Jahren vor heute. Am Monitor blinkt die Anzeige:

Beim Öffnen der Kuppel verspüren wir eine angenehme Meeresbrise, fast wie am Mittelmeer. Der Rotliegend-See, den wir vorher mit den baumgroßen Schachtelhalmen gesehen haben, ist längst ausgetrocknet, das Lockergestein verfestigt und die Lava vor langer Zeit erkaltet. Das Gestein hat der Abtragung im Erdmittelalter zumindest teilweise widerstanden. Tropische Vegetation hatte damals im Erdmittelalter die Region überzogen. Dinosaurier durchstreiften vermutlich das Land und verließen nach etwa 170 Millionen Jahren erfolgreicher Herrschaft letztendlich an der Zeitmarke 66 Millionen Jahre, Ende der Kreidezeit, wieder die Erde. Ob wir Menschen als „Krone der Schöpfung" dieses Phänomen auch schaffen werden? Es liegt, zumindest teilweise, auch an uns.

Doch wieder zurück zum Erdzeitalter Oligozän: Nun, wie angezeigt, sind wir im Zeitalter des Tertiärs, vor etwa 30 Millionen Jahren angekommen. Von der Anhöhe, auf der unsere Zeit-Raum-Fähre steht und die später als Kesselberg bezeichnet werden wird, schauen wir hinunter auf eine flache Meeresbucht. Dort unten, wo sich jetzt unter der glitzernden Wasseroberfläche der Meeresboden der Bucht erahnen lässt, wird 30 Millionen Jahre später Weinheim liegen. Wellen laufen an den Sandstränden kleiner Buchten aus, während sie an die dazwischenliegenden Felsvorsprünge anbranden. Die Gesteine des Festlandes haben wir bereits kennen gelernt. Es handelt sich um die erkalteten

Abb. 7 *Blick vom Dachsberg bei Göllheim auf den Donnersberg*

Laven und die zu Sand- und Tonstein verfestigten ehemaligen Lockergesteine aus dem Zeitalter des Rotliegends. Hier, in der Weinheimer Bucht, finden wir eine Urlaubslandschaft par excellence vor, wie wir sie heute bspw. aus Südostasien oder aus dem nördlichen Florida kennen. Unter dem Meer spiegelt die ungeheure Fülle von Lebensformen die Umweltverhältnisse wider. Wollen wir einen Tauchgang wagen? Wem das zu riskant erscheint, kann sich so lange in Strandnähe unter den vielfältigen Koniferen-Arten, Mammutbäumen, Zypressen, wärmeliebenden Laubgehölzen wie Lorbeer- und Zimtbaumgewächsen und Palmen ausruhen. Oder nach Muschelschalen, Schneckenhäusern und angespülten Haizähnen Ausschau halten. 30 Millionen Jahre später werden Interessierte die versteinerten Fossilien in den Äckern und Weinbergen von Weinheim suchen und mit ein bisschen Glück auch fündig werden. Falls jedoch jemand auf unserer Zeitreise nach einem „Ballermann“ fragt: So etwas gab es vor 30 Millionen Jahren noch nicht. Ich würde sagen: Zum Glück noch nicht!

Mit Tauchgeräten ausgerüstet, waten wir in die anlaufenden, angenehm warmen Schaumwellen und tauchen ab. Zuerst sprudeln noch Luftblasen um die Tauchmaske, aber schnell wird es ruhiger. In etwa 15 m Wassertiefe gleiten wir über den leicht zur Weinheimer Bucht hin geneigten sandigen Meeresboden. Große Seegrasflächen bilden einen deutlichen Kontrast zu dem vorwiegend gelbbraunen Sand. 30 Millionen Jahre später werden Menschen an dieser Stelle eine Sandgrube anlegen, die als „Sandgrube an der Trift“ wegen der Vielfalt an Fossilien weltbekannt werden wird. Allein etwa 300 verschiedene Arten von Muscheln und Schnecken werden an dieser Stelle gefunden werden. Während unseres Tauchgangs erkennen wir die vielen vom letzten Sturm zusammengespülten Schalen von

Abb. 8 Klappe der Samtmuschel Glycymeris angusticostata

Meeresschnecken und Muscheln. Ein Großteil davon ist durch die Brandung aufgerieben und zerbrochen. Häufig dabei sind Klappen der Samtmuschel *Glycymeris* sp. (Abb. 8). Diese Muscheln finden im sandigen Meeresboden im Nordosten der Weinheimer Bucht ideale Lebensbedingungen vor, während Austern hier eher selten sind. Diese bevorzugen Felsküsten, an denen sie festwachsen können. Nach kurzer Zeit schrecken wir einen auf dem sandigen Meeresboden liegenden Stechrochen auf (Abb. 9). Bei seiner Flucht wirbelt er Sand und Schlick auf. Wo er vorher gelegen hatte, sind noch schemenhaft sein Abdruck und im Kopfbereich eine muldenförmige Vertiefung erkennbar.

Etwas später machen wir von Ferne eine braungraue Seekuh aus, die neugierig auf uns zugeschwommen kommt. Durch ihren an Wale erinnernden Gabelschwanz und einen deutlichen Knick in der Schnauze (Abb. 10) erweist sie sich als Vorläufer der heutzutage an den Küsten von Südostasien, Australien und Afrika vorkommenden Dugongs. Grundsätzlich

Abb. 9 Fossiler Stachel eines Rochens

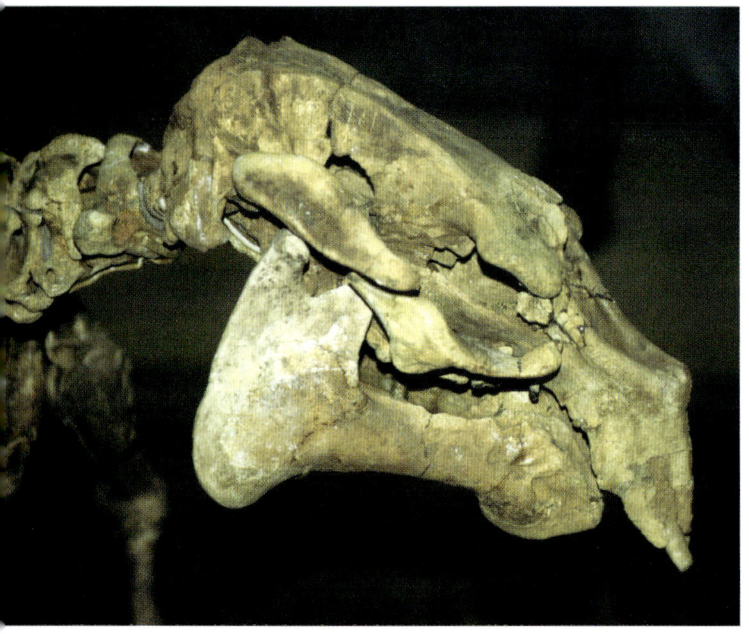

Abb. 10 Kopf der fossilen Seekuh Kaupitherium *sp. Exponat im Paläontologischen Museum München (Inv.-Nr. SNSB – BSPG 1956 I 540)*

ist das Tier an den Seegräsern interessiert (Abb. 11). Aber heute ist es zum Spielen aufgelegt und stupst uns mit der großen weichen Schnauze an.

Entlang der nun etwas steiler abfallenden Küste tauchen wir weiter. Die Seekuh begleitet uns. Im Nordwesten der Weinheimer Bucht gelangen wir in eine weitere Flachwasserzone, die 30 Millionen Jahre später als „Sandgrube im Zeilstück" bezeichnet werden wird. Hier verlässt uns das etwa 2 m lange Tier, um das auf den Sandflächen der Bucht reichlich wachsende Seegras abzuweiden. Die Wellen sind hier deutlich zu spüren. Sie branden an große Felsblöcke, die der Sandsteinküste auflagern. Austernbänke überziehen die Felsen. Weite Teile des sandigen Meeresbodens sind mit leeren Austernschalen förmlich gepflastert. Sie wurden während des letzten Sturms von den Felsen losgerissen. Von Bohrmuscheln und -schwämmen durchlöchert (Abb. 12), dienen die Schalen inzwischen als fester Untergrund für Röhrenwürmer, Seepocken, Einzelkorallen und ganz besonders für viele der noch im Wasser schwimmenden Austern-Larven (Abb. 13). Denn auf dem lockeren Sand würden sie keinen Halt finden. In Felsnischen sitzen vereinzelt Stachelaustern. Viele kleine Fische halten sich in dieser Zone auf. Bei Gefahr können sie zwischen den Felsblöcken Zuflucht finden. Plötzlich bemerken wir in größerer Entfernung einen grauen Schatten, der nach und nach seine Kreise enger zieht und allmählich näherkommt. Bereits seit geraumer Zeit hat er uns erfasst. Mit Erleichterung erkennen wir einen jungen Makrelenhai, in dessen Beutespektrum wir nicht passen. Sobald er dies bemerkt, dreht er ab und ist rasch wieder verschwunden.

Abb. 11 Lebendrekonstruktion von Kaupitherium *im Naturhistorischen Museum in Mainz*

Um die weitere Bucht zu erkunden, kehren wir um und setzen den Tauchgang nach Südosten fort. Bald ist eine stärkere Strömung zu spüren, die in die Bucht drängt. Verursacht wird sie durch eine flache Untiefe, welche die Weinheimer Bucht von den Auswirkungen des offenen Meeres im Mainzer Beckens abschwächt. In späterer Zeit wird hier die Straße von Weinheim nach Alzey zwischen der Villa Heiligenblut und dem Weingut Schmucker verlaufen. Wir halten uns nach rechts entlang der Ostküste der Halbinsel und gelangen an einen felsigen Küstenabschnitt, der dem Bereich des Zeilstücks ähnlich ist. Hier wird später einmal ein Steinbruch angelegt werden, der unter dem Namen „Steinbruch an der Neumühle" als Fundstelle von Haizähnen Berühmtheit erlangen wird. Ebenso wie am Zeilstück erkennen wir in der Brandung auf einer flachen Unterwasserrampe liegende große Sandsteinblöcke. Im Sand zwischen den Blöcken (Abb. 14) sind massenhaft Austernschalen eingelagert und außerordentlich viele Haizähne (vgl. Abb. 69).

Bevor es uns hier aber wegen der Brandung und der vielen zwischen uns herumschwimmenden, neugierigen Haie zu ungemütlich wird, kehren wir doch besser zurück an unseren Ausgangsort. Aufgetaucht aus den Wellen, erholen wir uns am flachen Sandstrand von unserem Ausflug und lassen die Füße vom warmen Wasser umspülen. Himbeereis mit Schlagsahne. Oder ein Sorbet mit prickelndem roten Winzersekt. Das wäre doch was. Aber – wir sind im Zeitalter des Oligozäns, 30 Millionen Jahre vor unserer Zeit, und haben nur die Vorräte in unserer Zeit-Raum-Kapsel dabei.

Außerdem ist unser Aufenthalt am Strand des Oligozän-Meeres nicht ganz so beschaulich, wie es vordergründig den Anschein hat. Denn die Weinheimer Bucht liegt an der Westküste des Mainzer Beckens. Das Mainzer Becken ist ein Teil des Oberrheingrabens und somit ein Ausläufer dieses geologischen Bruchsystems, das sich fortwährend gegenüber seiner Randgebiete absenkt. Dabei entstehen Reibungskräfte, die sich mit der Zeit aufbauen und sich letztendlich ruckartig lösen können. Schollen der Erdkruste schrappen aneinander vorbei. Erdbeben sind die Folge. Und nicht zu vergessen, im Oligozän ist dieser Oberrheingraben vom Meer überflutet. Wir müssen jederzeit mit Tsunamis rechnen, von Erdbeben oder durch untermeerische Rutschmassen verursachte Wellen, die möglicherweise durch den Oberrheingraben rasen und als riesige Wogen die Küsten verwüsten können. Außerdem sind die von Zeit zu Zeit über das Meer des Mainzer Beckens fegenden Stürme auch nicht zu unterschätzen. Sturmphasen werden in den Sedimenten der Steigerberg-Insel im Süden der späteren Ortsgemeinde Eckelsheim in eindrucksvoller Weise erhalten bleiben (Abb. 15).

Abb. 12 Von Bohrschwämmen durchlöcherte Austernschale

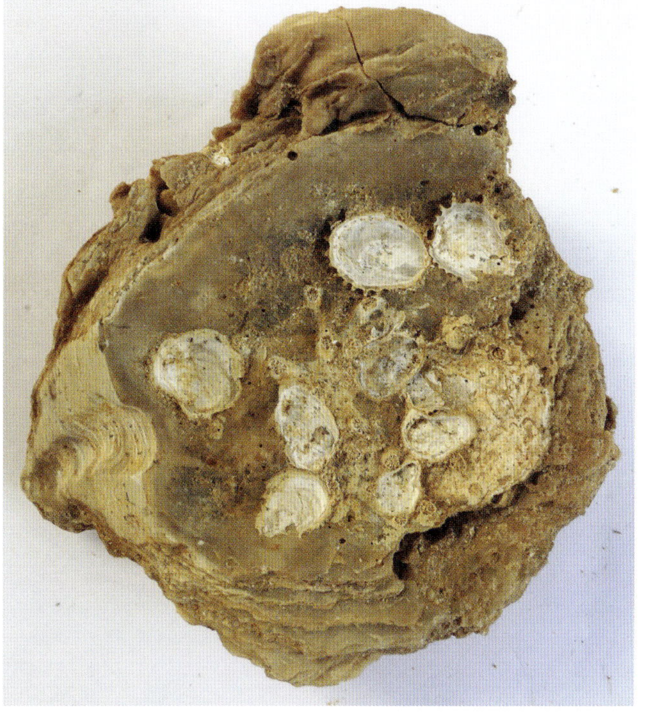

Abb. 13 Austernschale mit aufgewachsenen Jungmuscheln der Kleinauster Chama brauni

Abb. 14 Brandungsblöcke am Naturdenkmal „Neumühle“ während einer Probennahme. Die Mauer verhindert das Abrutschen des Blocks

Es ist doch besser, wir nehmen wieder in unserer Zeit-Raum-Fähre Platz und suchen im Bordcomputer eine weitere erdgeschichtliche Haltestelle. Nach kurzer Zeit blinkt auf dem Monitor im Kommandostand der Zeitmaschine auf der Zeitskala von Weinheim eine neue Anzeige auf:

Drücken wir den Startknopf, und los geht die Reise! Ein neues Phänomen auf unserer Zeitreise. Wir kommen in einer Zeit an, in der zwischenzeitlich in weiten Teilen Rheinhessens Kalksteine entstanden sind. Allerdings sind an der Stelle, wo unsere stationäre Zeit-Raum-Fähre positioniert ist, diese Sedimente zwischenzeitlich abgetragen. Schauen wir aber nach Westen, finden wir Relikte aus dieser Zeit hinter dem „Bushaltehäuschen“ oberhalb des Zeilstücks nordwestlich von Weinheim. Theoretisch würden wir in der Luft hängen. Stattdessen steht

Abb. 15 Sturmlage (Tempestit) aus gerundeten Rhyolithblöcken in den Küstensedimenten der Kiesgrube am Steigerberg

Abb. 16 Spitzkegelschnecken und dünnschalige Muschelklappen aus der Oberrad-Formation (früher Obere Cerithienschichten) an der Abrisskante einer Rutschung am Wißberg bei Gau-Bickelheim

unser Zeit-Raum-Mobil auf Stelzen im absoluten Flachwasser. Erneut öffnen wir die Luke.

Luft- und Wassertemperaturen sind ähnlich wie bei unser letzten Halt im Oligozän. Aber die Landschaft hat sich inzwischen grundsätzlich geändert. Lichtdurchflutetes Flachwasser, angenehm leichte Meeresbrise, zuckerweißer feinkörniger Meeresboden, den der Rhythmus der leichten Wellen hin und her bewegt. Große Schwärme kleiner Fische durchsuchen das Brackwasser nach Nahrung. Haie und Seekühe sind zu dieser Zeit längst ausgestorben.

Wir befinden uns nun in Ufernähe einer flachen Lagune: dem Mainzer Becken vor 22 Millionen Jahren. Flachmeere von Florida oder Südostasien kommen uns als Vergleich in den Sinn. Exotische Träume in Rheinhessen. Hätten Sie sich so etwas in Rheinhessen vorstellen können? Die heutigen Kalksteine erzählen davon. Das ist die Realität.

Wollen wir eine Kalkwattwanderung im Flachwasser unternehmen? Dann ziehen wir die Schuhe aus, krempeln die Hosen hoch und machen uns auf den Weg.

Gehäuse von leeren Spitzkegelschnecken (Abb. 16), nahezu kreisrunde Schalen von Brackwassermuscheln (Abb. 17) und vom nahen Festland eingeschwemmte Schneckenhäuser liegen im knietiefen Wasser verstreut auf dem weißen Meeresboden. Nur vereinzelt schillert das Perlmutt zusammengespülter längs-ovaler Schinkenmuscheln in den Lichtreflexen der Meeresoberfläche. Das Klima schwankt immer wieder zwischen Regen- und Trockenphasen. Kalkkrusten am Rande unserer Tour

Abb. 17 Flachwasserkalk mit Schalen der Brackwassermuschel Falsocorbicula faujasii

belegen, dass manche Flächen zeitweise austrocknen. Andere Bereiche verbleiben ständig unter der Meeresoberfläche. Fast hätten wir die stecknadelkopfgroßen Wattschnecken übersehen. Sie weiden winzige Algen auf dem Meeresboden ab. Die kleinen Gehäuse haben eine etwas größere letzte Windung. Paläontologen kennen sie als *Hydrobia inflata* (vgl. Abb. 87). Sie sind die Charakterfossilien für die Rüssingen-Formation (früher als *inflata*- bzw. *Corbicula*-Schichten bezeichnet).
Stellenweise ist niedriges Pflanzenwachstum möglich. An seichten Stellen durchsuchen Wattvögel den Kalkschlamm nach Nahrung. Sehen Sie die Flamingos drüben in der Bucht? Erneut kommt Urlaubsstimmung auf. Wochen könnte man hier verbringen! Aber letztendlich wollen wir ja auch irgendwann wieder in der Gegenwart ankommen. Daher kehren wir zurück zum Ausgangsort, um unsere abenteuerliche Zeitreise durch die Erdgeschichte fortzusetzen.

Wieder zurück in unserer Zeit-Raum-Fähre geben wir eine neue Suche im Display ein. Die Suchmaschine rast über Millionen von Jahren zurück, verlangsamt sich und stoppt an der Haltestelle: 10 Millionen Jahre vor heute am „Ur-Rhein“.

10 Millionen Jahre vor heute: Zeitalter Tertiaer, Epoche Miozaen

Da sind wir nun angelangt. Im Rundumblick aus der Kuppel unseres Standortes sehen wir erneut eine völlig andere Landschaft: Savanne und Urwald. Im Nordosten ein Fluss. Kein Meer mehr. Stattdessen Festland.
Sie können es kaum erwarten, auszusteigen? Dann öffnen wir die Luke. Aromatische Duftnoten liegen in der Luft. Temperaturen und Luftfeuchtigkeit sind weiterhin angenehm. Denn das Klima ist nach wie vor subtropisch und feucht.
Von unserem hohen Standort haben wir einen Überblick über den Flussverlauf von Südosten bis Nordwesten in einer wenig strukturierten Landschaft. Geringe Hochlagen bieten Lebensräume der Savannen. Tiefere Areale sind von Urwäldern und

Abb. 18 Eine Gruppe der Ur-Pferdchen Hippotherium primigenium *mit drei Hufen an jedem Bein am Ufer des Ur-Rheins. Die Streifen auf dem Rücken sind nicht nachgewiesen. Sie entstammen der Fantasie des jeweiligen Paläontologen. Ausschnitt aus der Panoramawand nach einem Gemälde des tschechischen Künstlers Pavel Major im Dinotherium Museum in Eppelsheim*

Abb. 19 Hornloses Nashorn Aceratherium incisivum. *Ausschnitt aus der Panoramawand (vgl. Abb. 18) im Dinotherium Museum in Eppelsheim*

besonders von Galeriewäldern bedeckt. Daran können wir uns am damaligen Verlauf des Ur-Rheins durch das gegenwärtige Rheinhessen orientieren. Heute gesehen von Worms nach Bingen. Wollen wir zum Fluss gehen und die Landschaft erkunden? Einen Weg von weniger als 4 km hin und zurück sollten wir schaffen. Ein lockerer Spaziergang wird das jedoch ganz bestimmt nicht. Also los!

Zunächst durchwandern wir eine Savanne, die an den trockeneren Stellen eher einer Steppe ähnelt. Ein idealer Lebensraum für Pflanzenfresser, die sich durch den Klimawandel im Laufe des Tertiärs allmählich von der ursprünglichen Blattnahrung zu Grasfressern entwickelt haben.

Wie die Ur-Pferde (Abb. 18) bspw., die drüben im Schatten einer Baumgruppe weiden. Wirbeltier-Paläontologen kennen sie heute unter dem Namen *Hippotherium primigenium*. Ihr Fell weist am Rücken schwache Streifen auf. Bei den Zebras der Gegenwart sind sie weitaus deutlicher ausgeprägt. Erstaunlicherweise haben die Ur-Pferde drei Hufe an jedem Bein. Anstatt eines einzigen Hufes der Pferde, die wir in der Gegenwart kennen. So etwas nennt man Evolution. Anpassung an den Klimawandel. Drei Hufe tragen auf weichem Boden besser. Ein einziger Huf besser auf dem eher trockeneren Untergrund der späteren Steppe. Denn es wurde im Laufe des Miozän-Zeitalters allmählich kühler und trockener. Sobald wir in die Nähe kommen, setzt sich die Herde sicherheitshalber in Bewegung und galoppiert ins offene Gelände. Man weiß ja nie, was diese neu aufgetauchten Gestalten beabsichtigen.

Schauen Sie mal, am Fuß des kleinen Hügels steht ein Nashorn. Es ist in Begleitung seines Nachwuchses. Eigentlich eine gewohnt typische Gestalt. Aber als es den Kopf hebt und herüberschaut, stellen wir fest, dass es kein Horn auf der Nase hat. Seltsam, ein Nashorn ohne Horn (Abb. 19).

Zum Fluss hin wird der Baumbestand dichter. Zunächst sind es hauptsächlich frühe Arten von Ahornbäumen und Eichen. Sie kommen auch mit trockeneren Standorten zurecht. In den Baumkronen gibt es Bewegung. Ein kleiner Trupp gibbonartiger Menschenaffen (wissenschaftlich: *Paidopithex rhenanus*) hangelt sich durch die Äste (Abb. 20). Ihren Rufen zufolge haben sie uns gesehen. Etwas

Abb. 20 Rekonstruktion eines Pliopiteciden *im Naturhistorischen Museum in Mainz*

Abb. 21 Großer Menschenaffe Dryopithecus *sp. Zeichnung von Pavel Major im Dinotherium Museum in Eppelsheim*

weiter entdecken wir zwischen den Blättern der Baumkronen einen etwa 1 m großen anderen frühen Affen (*Dryopithecus* sp.), der sich die jungen Austriebe der Blätter schmecken lässt (Abb. 21).
Je mehr wir uns dem Fluss nähern, desto mehr verändert sich der Wald. Nun dominieren Amber- und Zimtbäume sowie Ulmen die Auenlandschaft. Bei diesem Anblick kommt mir Johnny Cash in den Sinn: *Forty Shades of Green*. Er hat es zwar für Irland geschrieben, für Rheinhessen vor 10 Millionen Jahren wäre es aber ebenfalls zutreffend. Lianen schlingen sich an Ästen und Zweigen nach oben zum Licht. Kommen Ihnen deren drei- bis fünflappige Blätter irgendwie bekannt vor? Es sind die Vorläufer der heutigen Reben. Daraus entwickeln sich später die Wildformen (*Vitis vinifera* ssp. *sylvestris*) der heute kultivierten Rebsorten. Zwar sind die Samen am Ur-Rhein bisher nicht nachgewiesen, aber es ist lediglich eine Frage der Zeit, bis sie auftauchen. Funde aus Messel und Eckfeld sind Belege für urtümliche Reben in der Region.

Abb. 22 Waldantilope Miotragocerus cf. pannoniae. *Zeichnung von Pavel Major im Dinotherium Museum in Eppelsheim*

Abb. 23 Gabelhirsch Euprox furcatus. *Ausschnitt aus der Panoramawand im Dinotherium Museum in Eppelsheim*

Abb. 24 Lebendrekonstruktion von Dinotherium giganteum *im Naturhistorischen Museum in Mainz*

Wasserstellen bieten ideale Bedingungen für Weichschildkröten, Biber und Tapire. Teilweise wird die Luft stickig warm und feucht. Stechmücken werden zunehmend lästig. Wir, aus der Gegenwart kommend, sind die subtropischen Klimabedingungen von vor 10 Millionen Jahren nicht gewohnt. Hin und wieder raschelt es im Gebüsch und schemenhaft können wir einige dieser Tiere erkennen. Hin und wieder zeigen sich Waldantilopen (Abb. 22), kleine Gabelhirsche (Abb. 23) und frühe Wildschweinverwandte. Es ist schwer, sie genau zu erkennen. Sie wittern uns viel früher, als wir sie sehen, und suchen rasch das Weite. Endlich haben wir den hier etwa 50 bis 60 m breiten Ur-Rhein erreicht. Je nach geologischem Untergrund kann sich die Breite verengen oder ausweiten. Zuflüsse und Sumpfgebiete prägen die weidenbestandenen Ufer.

Und letztendlich kommen die eindrucksvollsten Tiere des Ur-Rheins am jenseitigen Ufer an die Tränke: Dinotherien (Abb. 24), elefantenähnliche Tiere aus dem späten Tertiär. Es sind mit nahezu 4 m Schulterhöhe Giganten, die das Unterholz durchbrechen. Diese Art wird wissenschaftlich bezeichnet als *Dinotherium giganteum* oder übersetzt als riesiges Schreckens-Tier. Nicht zu verwechseln mit Dinosauriern (Schreckens-Echsen), deren letzte Vertreter jedoch, mit Ausnahme der Vögel, vor etwa 65 Millionen Jahren ausgestorben sind. Imposant sind die großen, nach unten gekrümmten Stoßzähne. Eine Dinotherien-Kuh mit Kalb hat uns bemerkt und imponiert mit erhobenem Rüssel und markerschütternden Trompetentönen in unsere Richtung. Wir haben verstanden. An dieser Stelle kehren wir um. Zurück zu unserer Raum-Zeit-Fähre. Wir haben eh schon sehr viel Zeit an den Ufern des Ur-Rheins verbracht. Außerdem sinkt die Sonne mit grandiosen Farbspiel allmählich in Richtung Horizont. Bevor wir allerdings den subtropischen Urwald verlassen, begegnet uns in der Ferne erneut eine kleine Herde Rüsseltiere. Ähnlich in der Gestalt, unterscheiden sie sich von den Dinotherien durch einen langgestreckten Kopf mit jeweils zwei nur leicht nach unten gebogenen Stoßzähnen im Oberkiefer und zwei engstehenden, nahezu geraden Stoßzähnen im Unterkiefer. Zwar ein wenig kleiner als das Dinotherium, aber dennoch enorm eindrucksvoll: *Gomphotherium angustidens* (Abb. 25a–b).

Sehen Sie die fünf hellbraunen Gestalten da drüben am Waldrand der Lichtung? Sie haben kurze muskulöse Hinterbeine im Gegensatz zu fast doppelt so langen Armen, an denen lange, nach innen gekrümmte Krallen sitzen. Die Köpfe erinnern an das hornlose Nashorn, das wir vorhin in der Savanne gesehen haben. Zwei von den Tieren haben eine halbwegs sitzende Stellung inne und äsen Blätter und abgerissene Zweige (Abb. 26). Noch eines kommt auf allen Vieren hinzu, wobei es sich mit den Fingerknöcheln auf dem Boden abstützt. Dabei sind die sichelförmigen Krallen nach innen gebogen und dadurch vor Abnutzung geschützt. Zwei weitere Tiere haben sich aufgerichtet. Mit den Krallen der langen Arme ziehen sie an den Bäumen Zweige und Äste herunter, um an das frische Grün zu gelangen. Aufrecht stehend haben sie etwa eine Größe von nahezu 3 m. Sie erinnern an riesige Faultiere. In Bayern würde man wohl eher an gigantische Wolper-

Abb. 25a Ur-Elefant Gomphotherium angustidens. *Zeichnung von Pavel Major im Dinotherium Museum in Eppelsheim*

Abb. 25b Skelett eines Gomphotheriums *im Paläontologischen Museum München (Inv.-Nr. SNSB – BSPG 1971 I 275)*

*Abb. 26 Eine Gruppe von Krallentieren (*Chalicotherium goldfussi*) am Ufer des Ur-Rheins. Ausschnitt aus der Panoramawand im Dinotherium Museum in Eppelsheim*

tinger denken. Es sind Krallentiere (*Chalicotherien*), eine längst ausgestorbene Familie von Pflanzenfressern (Abb. 27). Von den beeindruckenden Krallen lassen sich möglicherweise auch die fleischfressenden Bärenhunde abschrecken (Abb. 28). Zum Glück sind heute keine in der Nähe, ebenso wenig wie die gewaltigen Säbelzahnkatzen. Sie haben etwa die Größe von Leoparden oder Löwen, sind jedoch mit enorm langen, dolchartigen Eckzähnen ausgestattet. Denen möchten wir auf unserer Safari nicht begegnen. Aber es sieht heute gut aus: *The Lion Sleeps Tonight*.

Gerade eben huscht stattdessen ein winziges Raubtier über Ihre Füße. Es ist nur wenige Zentimeter lang und hat eine zugespitzte Nase. Also ein Spitzmausverwandter. Nicht zu verwechseln mit Mäusen allgemein, die Nagezähne haben und Pflanzenfresser sind. Im Gegensatz zu denen sind Spitzmäuse Insektenfresser und haben ein Raubtiergebiss. Ein winzig kleines, aber dennoch. 2003 erhielt diese etwas schlankere Form den wissenschaftlichen Namen *Plesiosorex roosi*, benannt nach dem Altbür-

Abb. 27 Rekonstruktion des Krallentiers Chalicotherium *im Naturhistorischen Museum in Mainz*

Abb. 28 Rekonstruktion des Bärenhundes Agnotherium *im Naturhistorischen Museum in Mainz*

germeister Heiner Roos aus Eppelsheim. Er war der Initiator für die neueren Grabungen und insbesondere für das heutige Dinotherium-Museum.
Inzwischen haben wir, ein wenig erschöpft, unser Zeit-Raum-Mobil wieder erreicht und erleben auf der Anhöhe einen grandiosen Sonnenuntergang mit spektakulären Farbspielen. Vor 10 Millionen Jahren im ausgehenden Miozän.
Ein Lagerfeuer zu entfachen, wäre zum Ausklang dieses abenteuerlichen Tages sehr reizvoll. Die Temperaturen sind ideal. Ein wenig grillen, einen Weißwein aus dem Kühlfach, ein kleines Bier oder einfach eine Limonade. Das wäre doch jetzt die Gelegenheit! Aber: Wir dürfen auf der Zeitreise ja keine Spuren hinterlassen.
Stattdessen gibt es Verpflegung in unserer Zeit-Raum-Kapsel. Auch nicht schlecht. Wir haben vor Beginn unserer Reise bereits vorgesorgt. Vom Spundekäs bis hin zur Backesgrumbeere. Hightech macht es möglich. Der Wein hat die optimale Temperatur. Zudem haben wir enormen Appetit. Rhoihesse würden sagen: Gude! Ansonsten: Lassen Sie es sich schmecken, und guten Appetit! Genuss pur.

Wollen wir anschließend noch sehen, was unsere Zeitreise noch alles zu bieten hat? In der Kommandozentrale tippen wir ein „Nächstes Ziel" und bestätigen mit Return. Am Display erscheint die Anzeige:

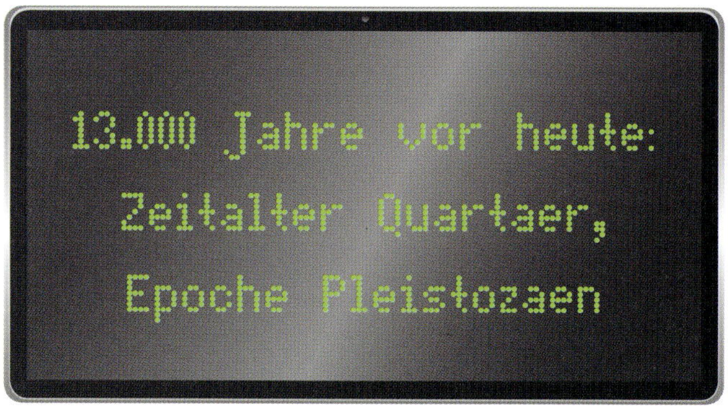

Wir haben die Auswahl zwischen mehreren Kalt- und Warmphasen in diesem Zeitabschnitt. Nach unseren Visiten im meist gut temperierten Tertiär-Zeitalter ist nun ein Kontrastprogramm angesagt. Wir begeben uns auf eine Expedition in die letzte Kaltzeit des Eiszeitalters, deren Spuren wir in der Weinheimer Region entdecken können.
Zu Beginn der Erkenntnis von Eiszeiten und der Erforschung eiszeitlicher Ablagerungen wurden die nachgewiesenen Kaltzeiten in Deutschland nach Flüssen benannt. In Süddeutschland bezeichnet man deshalb die letzte Kaltzeit als Würm-Kaltzeit, in Norddeutschland als Weichsel-Kaltzeit.
Wollen wir mal reinschauen? Allerdings sehen wir die Szenarien lediglich im Zeitraffer. Denn wir sind, anders als unsere Vorfahren, nicht an eisige Temperaturen gewöhnt. Sind Sie einverstanden? Gut, dann drücken wir an unserer Steuerungstastatur erneut die Return-Taste. – Und schon sind wir mittendrin in der Kältesteppe.
Schlagartig hat sich die Kuppel unserer Zeit-Raum-Fähre mit Eisblumen überzogen. Ein eisiger Wind trifft uns beim Aussteigen. Die Landschaft hat sich wieder grundlegend geändert. Erneut Klimawandel. Weder Palmen noch Pinien sind zu sehen. Stattdessen geht zwischen vorbeiziehenden Nebelschwaden am Horizont eine blassgelbe Sonne auf. Raureif hat die weitläufige Gras- und Kräutersteppe in der Nacht mit stacheligen Eiskristallen überzogen. Temperaturen von –40 °C und darunter sind in den Wintermonaten keine Seltenheit. An mehreren Stellen stehen buschartige Zwergbirken, Zwergweiden und sonstige niedrige Sträucher. Die auf den ersten

Abb. 29 Rentier und Moschusochse in der Sonderausstellung von 2016 „Flusspferde am Oberrhein. Wie war die Eiszeit wirklich?“ im Naturkundemuseum in Karlsruhe

Blick eintönig wirkende Hochfläche, eine wenig strukturierte Kältesteppe, wird von der weitläufigen Flussniederung des eiszeitlichen Rheins und den eingekerbten Fluss- und Bachtälern unterbrochen. Lediglich in den kurzen Frühjahrs- und Sommermonaten lassen sie eine nennenswerte Wasserführung erkennen. Denn in den Kältephasen der Erdgeschichte sind große Wassermengen als Eis in den kilometerdicken Eispanzern der Gletscher gebunden und somit dem Wasserkreislauf entzogen. Die tiefer gelegenen Flusstäler bieten lichten Wäldern mit Birken, Weiden- und Kieferngehölzen Refugien, die es ermöglichen, die eisigen Winterstürme zu überdauern. Schnee fällt hier selten, Regen nur im Frühjahr, ansonsten ist es weitgehend trocken-kalt.

In der Region um Weinheim befinden wir uns in einem gletscherfreien Korridor zwischen dem nordeuropäischen Eispanzer, der von der Arktis aus über Skandinavien hinweg das norddeutsche Tiefland, zeitweise bis zum Nordrand der Mittelgebirge, überzogen hat. Von Süden her haben Gletscher aus den Alpen weite Teile des Alpenvorlandes überschoben und ebenfalls in eine Eiswüste verwandelt.

Der kurze Sommer in der Mammutsteppe ist gerade zu Ende gegangen. Große Herden sind auf ihrer

Abb. 30 Rekonstruktion des Wollnashorns Coelodonta antiquitatis *im Naturhistorischen Museum in Mainz*

Abb. 31 Wandbild in der Sonderausstellung 2016 (vgl. Abb. 29) im Naturkundemuseum in Karlsruhe

Abb. 32 Lösswand in einem Hohlweg bei Alsheim

Abb. 33 Lebendmodell eines Wollhaarmammuts (Mammuthus primigenius) *im Royal BC Museum in Victoria, Kanada*

Wanderung unterwegs von Sibirien in den weniger kalten Südwesten Europas. Trotz des kalten Klimas ist die Artenvielfalt der Tiere erstaunlich. Aus den Nebelschwaden taucht eine Herde Steppenbisons mit mehr als 70 Tieren auf. Einige Exemplare erreichen ohne Weiteres eine Schulterhöhe von 1,80 m und eine Hörnerspannweite von 1,20 m. Sie sind deutlich größer als die heutigen nordamerikanischen Bisons und die europäischen Wisente. Das ansonsten mittel- bis dunkelbraune dichte Fell der gewaltigen Tiere ist jetzt durch die Kondensation der Atemluft hellgrau geworden und von Raureif überzogen.

Allmählich wird der Blick über die Landschaft besser. Rentiere, erkennbar an ihren charakteristischen Geweihen, ziehen in lockeren Gruppen vorüber (Abb. 29). Aus einer Nebelschwade aufgetaucht, steht uns plötzlich ein etwa 3 m langes Wollhaarnashorn mit zottigem dunkelbraun-grauem Fell gegenüber (Abb. 30). Ebenso erschrocken wie wir, hebt es seinen langgestreckten Kopf mit den zwei hintereinander angeordneten mächtigen Hörnern – das vordere ist schätzungsweise 1 m lang – und dreht glücklicherweise schnell ab. Das hätte auch schiefgehen können!

Etwas später kommt Unruhe auf. Eine kleine Gruppe Moschusochsen hat einen Ring aus erwachsenen Tieren gebildet und die Jungtiere in die Mitte genommen. Denn ein Rudel Wölfe hatte versucht, sich anzuschleichen, um ein Kalb zu reißen. Es wurde aber frühzeitig vom Leittier entdeckt. Gegen die Barrikade aus den gesenkten Köpfen mit den mächtigen Hörnern können die Wölfe wenig ausrichten (Abb. 31). Außerdem hätten Bisse in das dichte Fell der ausgewachsenen Moschusochsen nur die Folge, ein dickes Polster aus Haaren zwischen den Zähnen zu haben. Das kann dem hungrigsten Wolf den Appetit verderben. Sie müssen wohl eine andere Beute aufspüren. Auch eine Wildpferdeherde hat von Ferne das Wolfsrudel bemerkt und sucht in gestrecktem Galopp das Weite der Steppe.

Der kapitale Riesenhirsch, der bisher die nahrhaften Steppengräser und -kräuter abweidete, richtet den Kopf auf. Erst jetzt wird die Mächtigkeit seiner

Geweihschaufeln mit einer Spanne von nahezu 4 m deutlich, die auch einem Rivalen imponieren würden. Bei diesem Anblick vergeht auch einem Wolf der Mut zum Angriff. Endgültiger Rückzug für das Wolfsrudel ist angesagt, als die charakteristischen Tiere dieser Zeit aus dem Nebel erscheinen: Eine Herde mächtiger Wollhaarmammute kommt in unser Blickfeld. Zottelige Kolosse mit großen gebogenen, teilweise 4 m langen Stoßzähnen. Beeindruckende Giganten (Abb. 33). Heute müssen sich die Wölfe wohl mit Lemmingen begnügen.

Die Sonne kann sich allmählich gegen die Nebelschwaden durchsetzen. Die eisigen Temperaturen werden fast unmerklich erträglicher und das Blickfeld wird klarer. In windgeschützten, der Sonne exponierten Hanglagen ereigneten sich in den gerade vergangenen Sommermonaten reihenweise oberflächennahe Hangrutschungen. Infolge der Sonneneinstrahlung tauten oberflächennahe Bereiche des Permafrostbodens auf. Wasser wurde freigesetzt. Es sickerte in den Untergrund. Dort diente es in Zusammenwirkung mit aufgetauten Tonmineralen des bis Hunderte Meter tiefgefrorenen Permafrostbodens als Gleitbahn für Solifluktionen, besser bekannt als Bodenfließen (vgl. Abb. 135). An der Abrisskante der Rutschung ist der Untergrund der Eiszeitlandschaft sichtbar. Gelblich-beiges, feinkörniges Lockersediment. Im trockenen Zustand fühlt es sich beim Zerreiben zwischen den Fingern an wie Mehl. Das ist eines der charakteristischen Sedimente des Eiszeitalters, nämlich der Löss (Abb. 32). Dieses staubfeine Sediment, man nennt es auch das Gold der Landwirtschaft, stammt in Rheinhessen und der Vorderpfalz aus den ausgetrockneten Überflutungsebenen des Rheins. Aufgrund der geringen Wasserführung in Verbindung mit frostigen Temperaturen waren die ursprünglich von Hochwässern mit Schlick überfluteten, flussnahen Niederungen wegen des Permafrostes gefriergetrocknet und dadurch zu staubfeinem lockeren Sediment zerfallen. Stürme nahmen diesen feinkörnigen Staub auf und wehten ihn über die Landschaft. Sicherlich waren diese Bedingungen ähnlich wie bei Sandstürmen der heutigen Wüstenregionen. Nur die Temperaturen waren deutlich tiefer und damit weitaus unangenehmer.

Was mich anbelangt, kriecht mir inzwischen die Kälte die Beine hoch und lässt mich schaudern. Und wenn ich Sie anschaue, habe ich den Eindruck, Ihnen geht es nicht anders. Schnell zurück in unsere Zeit-Raum-Fähre. Ein heißer Glühwein, ein heißer Kaffee oder Tee wären jetzt nicht schlecht! Unsere Vorratsbox ist bestens damit bestückt!

Schauen wir schleunigst, dass wir dieses unwirtliche Zeitalter verlassen und auf unserer Zeitreise in die Erdgeschichte von Alzey-Weinheim in die heutige Zeit zurückkehren. Die bekommt uns nämlich deutlich besser als die extremen Klimabedingungen der geologischen Vergangenheit unserer Region.

Unabhängig davon geben wir nun in die Tastatur des Kommando-Standes ein: „Rückkehr in die Gegenwart". Am Display erscheint der Vorschlag:

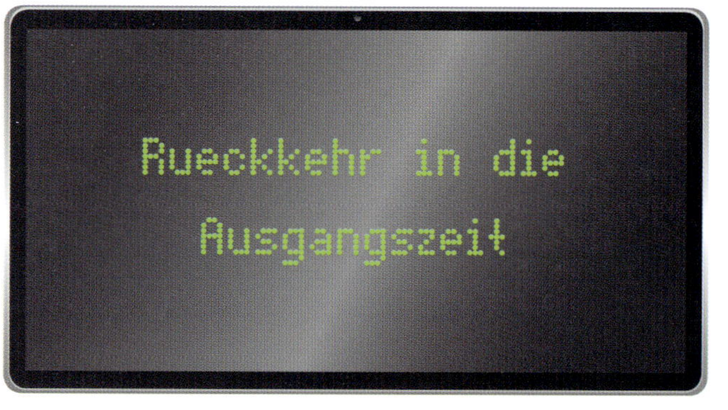

Wir bestätigen die Auswahl – und los geht's!

DIE GEGENWART

Nach kurzen, leichten Turbulenzen, verursacht durch kleine Klimaschwankungen im Zeitraum zwischen 12.000 und 200 Jahren vor unserer Zeit, öffnet sich erneut die Luke. Erleichtert stellen wir fest: Wir sind von unserer abenteuerlichen Expedition exakt wieder zurückgekehrt in unsere eigene Zeit. Zeitreise lässt uns Zusammenhänge erkennen. Zuweilen ist sie aber auch enorm kraftraubend. Steigen wir ein letztes Mal aus unserer Zeit-Raum-Fähre aus. Schauen Sie sich jetzt nach den erlebten Eindrücken erneut um.

Wir müssen feststellen, dass große Teile früherer Epochen, die wir auf unserer Zeitreise besucht haben, nicht mehr vorhanden sind. Oder wir finden noch einzelne Relikte, wenn wir Glück haben. Insbesondere die Wechsel zwischen Kalt- und Warmzeiten hatten großräumige Ausräumungen in der Landschaft zur Folge. Allerdings erhielt dadurch

Rheinhessen seinen in der Gegenwart unverwechselbaren Charakter und seinen liebenswerten Charme.
Wir sind wieder zurück in den Weinbergen oberhalb von Weinheim. Außerdem haben wir das Glück, im September die wärmenden Sonnenstrahlen während der Weinlese zu genießen. Probieren wir doch mal einige Weinbeeren in den umgebenden Weinbergen. So können wir vielleicht ein wenig erahnen, wie der neue Jahrgang im nächsten Jahr schmecken wird.
Für ein Lagerfeuer wird es in der Nacht bereits ein wenig kühl. Wollen wir heute Abend unsere Zeitreise bei einem Winzer in Rheinhessen beschließen? Mit Weinen, die auf Substraten gewachsen sind, die wir auf unserer Zeitreise erlebt haben? Und mit Gerichten, welche die Weine vorzüglich begleiten? Traubensaft und Mineralwasser stehen grundsätzlich zur Verfügung. Übernachtungsmöglichkeiten gibt es inzwischen vielerorts. Für den Herbst sollte man generell schon etwas früher buchen. Dann sind Sie nämlich auf der sicheren Seite.
Und anschließend genießen Sie eigenständig ohne meine Begleitung Rheinhessen mit allen Sinnen. Mit Ihrem Lieblingswein im Glas. Das Essen schmeckt. Zusammenhänge offenbaren sich. Was für ein Tag! Kommen Sie mit Freunden wieder? Wir freuen uns!

UND DIE ZUKUNFT?

Wir kennen sie nicht. Wer erdreistet sich denn tatsächlich, zu behaupten, in die Zukunft schauen zu können? Es ist legitim, Gesetzmäßigkeiten aus der Erdgeschichte in die Zukunft zu übertragen. Wann sie eintreten und in welcher Form, können wir nur erahnen. Wir haben inzwischen ein wenig von Abläufen und Prozessen in unserer Galaxie und auf unserem Planeten verstanden. Ein größerer Teil der Zusammenhänge bleibt uns allerdings immer noch verborgen.
In den Gesteinen unseres Planeten liegen vielfältige Daten über die Klimaverläufe der Erdgeschichte sowie Entstehungsprozesse gespeichert. Immer bessere und genauere Analysemethoden lassen sie uns auch in Zukunft entschlüsseln und Antworten finden. Rechnergestützte Programme sind durchaus hilfreich. Rechner können jedoch nur mit den Parametern arbeiten, die man ihnen gezielt eingibt. Ergebnisse sind somit steuerbar ...

ERDGESCHICHTE AUS DEM MIKROKOSMOS RHEINHESSEN

Es gibt nicht allzu viele Regionen in Deutschland, die eine so spannende und wechselvolle Erdgeschichte vorweisen können wie Rheinhessen. Zwar prägen sanfte Formen die Region in der Gegenwart – kein eisbedecktes Hochgebirge, keine Wüste, keine Vulkaneruption und keine wellenbewegte Küste. Aber täuschen Sie sich nicht. Die wilden Ereignisse der Erdgeschichte stecken im Untergrund. Hier können Sie Erdgeschichte erleben. Und anfassen.

In weiten Teilen deckt sich das geografische Rheinhessen mit dem Mainzer Becken der Geologen. Aus geologischer Sicht ist das Gebiet ein Puzzle, zusammengesetzt aus unterschiedlichen Gesteinen verschiedenster Epochen der Erdgeschichte (Abb. 34). Sind Sie bereit, diese außergewöhnliche Konstellation zu erkunden?

Gut! Dann beginnen wir mit den ältesten Gesteinen aus dem Erdaltertum (Paläozoikum), die man im Nordwesten der Region Rheinhessen am Rochusberg bei Bingen findet (Abb. 35 und 143).

DAS ERDALTERTUM (PALÄOZOIKUM)

Das Devon-Zeitalter

Die Gesteine bildeten sich vor etwa 400 Millionen Jahren in einem tropischen Flachmeer. Zwar hatte das Leben bereits vor rund 430 Millionen Jahren im Erdzeitalter Silur begonnen, das karge Festland zu erobern, als Algen, Bakterien und niedere Pflanzen den Sprung aus dem Meer der Lagunen in den Gezeitenbereich geschafft hatten. Die Eroberung des Festlandes war nun nicht mehr aufzuhalten. Tiere wie Spinnen und Skorpione waren die nächsten Lebewesen, die ans Land folgten. Den ersten „Schritt" in der Erdgeschichte vollführten immer die Pflanzen. Die Tiere folgten ihnen. Vermutlich hing das mit der Nahrungskette Pflanzen – Pflanzenfresser (Herbivoren) – Fleischfresser (Carnivoren) zusammen.

Zwar war das Festland arm an Pflanzenbewuchs, doch die Verwitterung der Gesteine an der Erdoberfläche war bereits in vollem Gange. Sedimente boten frühen Pflanzen die Möglichkeit, über Wurzeln Halt zu finden und gleichzeitig dem Untergrund Feuchtigkeit zu entziehen. Wobei Flechten und Moose bereits damals blanke Felsen besiedeln konnten.

Die Energie der Meeresbrandung zertrümmerte und sortierte den Verwitterungsschutt an der Küste. Küstennah lagerten sich Meeressande ab. Die in Schwebe gehaltenen, das Wasser trübenden Tonminerale wurden von der Küste weit ins offene Meer getragen und dort als Schlamm abgelagert. Eigenwillige Tiere wie Panzerfische, Trilobiten, frühe Seesterne, Seelilien (Abb. 36–37) und Riesenseeskorpione besiedelten den Meeresboden (Fischer et al. 2020: 8 ff.). Aus Küstensanden wurden durch die Überlagerung und die Auflast von weiteren Schichten Sandsteine. Und draußen im offenen Meer entstanden Tonsteine infolge von Überlagerungen aus Schlamm.

Vor etwa 350 Millionen Jahren war dieser Prozess beendet. Mikrokontinente und Inselketten kollidier-

Zeitskala in Mio.J.	Zeitalter Tiere/Pflanzen		System	Serie	Beginn vor Mio. Jahren	Ereignisse in der Erdgeschichte
0	Känozoikum (Erdneuzeit)	Neophytikum	Quartär	Holozän	0,01	
				Pleistozän	2,6	Eiszeiten, erste Menschen
			Tertiär	Pliozän	5,3	
				Miozän	23	
				Oligozän	33,9	
50				Eozän	56	Entfaltung der Säugetiere und Vögel
				Paläozän	66	
100	Mesozoikum (Erdmittelalter)		Kreide	Ober		Aussterben der letzten Dinosaurier
		Mesophytikum		Unter	145	
			Jura	Malm		Erste Vögel
				Dogger		
200				Lias	201,5	Entfaltung der Reptilien
			Trias	Keuper		
				Muschelkalk		
				Buntsandstein	252,5	Erste Säugetiere
	Paläozoikum (Erdaltertum)		Perm	Zechstein		
		Paläophytikum		Rotliegend	296	
300			Karbon	Ober		Erste Reptilien
				Unter	361	
			Devon	Ober		Erste Amphibien
				Mittel		
400				Unter	418	
450			Silur		444	Erste Landlebewesen
		Eophytikum	Ordoviz	Ober		Erste Fische
500				Unter	485	
			Kambrium	Ober		Explosionsartige Verbreitung des Lebens in Flachmeeren
				Mittel		
550				Unter	541	
2500	Präkambrium (Erdurzeit)		Proterozoikum		2500	Erster freier Sauerstoff in der Atmosphäre
3800			Archaikum		4000	Erste Erdkruste
5000	Priskonium (Erdfrühzeit)				4600	Entstehung der Erde als Feuerball

Abb. 34 Geologische Zeittafel. Grafik des Landesamtes für Geologie und Bergbau Rheinland-Pfalz in Mainz

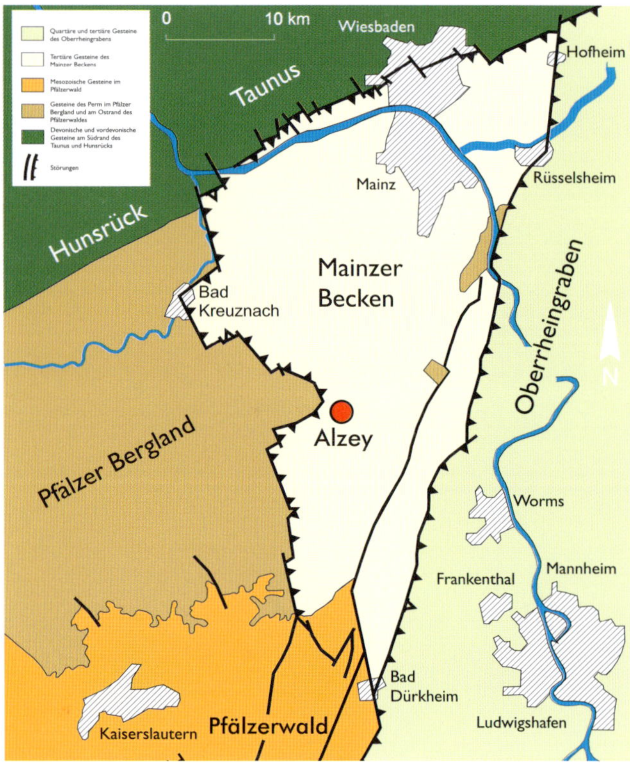

Abb. 35 Das Mainzer Becken. Abgeänderte Grafik aus Schäfer 2012

ten. Druck und Temperaturen stiegen in den Gesteinen unaufhaltsam an. Sie verformten und veränderten die Sedimente. Aus Sandsteinen entstanden weißliche Quarzite, aus Tonsteinen wurden dunkelgraue Schiefer. Metamorphe Gesteine, wie Geologen solche umgewandelten Gesteine bezeichnen. Sie wurden zusammengeschoben, verfaltet und als Gebirge herausgehoben.

Der Rochusberg südlich von Bingen besteht im Wesentlichen aus diesen Schiefern (Abb. 38) und Quarziten (Abb. 39). Der Rhein und der Nahe-Zufluss haben ihn vom Rheinischen Schiefergebirge getrennt. Somit gehört er aus geografischer Sicht zur Region Rheinhessen.

Abb. 37 Seestern Palaeosolaster gregori *aus dem Devon in der Ausstellung des Naturhistorischen Museums in Mainz*

Abb. 36 Seelilie Gastrocrinus giganteus *aus dem Devon in der Ausstellung des Naturhistorischen Museums in Mainz*

Schiefer und Quarzite

Dachschiefer ist seit historischer Zeit ein begehrtes Gestein zum Decken von Dächern und zum Verkleiden von Hausfassaden, u. a. von Kirchen, Klöstern, Burgen und Schlössern, ebenso wie Rathäusern, Schulen und sonstigen Häusern. Schiefer kann dünn aufgespalten werden und reduziert somit die Auflast für das darunterliegende Gebäude. Quarzit ist massig und derb. Er ist nahezu unverwüstlich.
In der Region um Bingen, v. a. aber in weiten Bereichen des Rheinischen Schiefergebirges, bestehen die Mauern historischer Gebäude und Weinbergsmauern oftmals aus sandigen Schiefern und Quarziten.

Abb. 38 Gefalteter Schiefer aus dem Devon aus der Umgebung von Bacharach

Abb. 39 Gefalteter Quarzit im Steinbruch Sooneck bei Trechtingshausen

Das Perm-Zeitalter

Die nächstjüngere erdgeschichtliche Epoche in Rheinhessen ist das Perm (vgl. Abb. 34), dessen älterer Abschnitt die Bezeichnung Rotliegend und dessen jüngerer Abschnitt die Bezeichnung Zechstein trägt. In Rheinhessen sind lediglich Gesteine aus dem Zeitalter Rotliegend erhalten. Sie sind im Zeitraum zwischen rund 290 bis 270 Millionen Jahren vor heute entstanden (Haneke 2013: 10).

Alle Kontinente der Erde hatten sich damals zu einem gigantischen Superkontinent vereint: Pangäa. Nie wieder in der Erdgeschichte gab es eine solche Konstellation (Abb. 41). Die damaligen Landmassen Mitteleuropas trifteten, eingegliedert in Pangäa, aus feuchtheißen Äquatorialregionen nach Norden in die trockenheiße Wüstenregion der heutigen Sahara. Dadurch fand in der Region ein enormer Klimawandel statt vom tropischen Regenwaldklima des Karbon-Zeitalters bis hin zum Wüstenklima im Zeitalter des oberen Rotliegends und dem anschließenden Buntsandstein-Zeitalter. Es wurde trockener, aber es blieb heiß. Die damalige Vegetation und die Tierwelt hatten nur eine einzige Möglichkeit zum Überleben. Die Strategie war, sich an die neuen Umweltverhältnisse anzupassen.

So traten bereits im Oberkarbon erstmals Reptilien auf die Bühne der Erdgeschichte. Für die Eiablage waren sie nicht mehr ans Wasser gebunden wie die Amphibien, denn sie waren erstmals in der Lage, ihre Eier im Sand abzulegen, so, wie es in der Gegenwart bspw. Krokodile, Schildkröten oder auch Eidechsen praktizieren. Außerdem gelang ihnen eine gewisse Panzerung der Körperoberfläche, die eine Verdunstung von Wasser im Körper in trockenheißen Regionen deutlich reduzierte. Hier zeigt sich tierische Evolution als Folge des Klimawandels.

Wesentliche Gesteine des Rotliegend-Zeitalters in Bezug auf Rheinhessen sind Sedimente, insbesondere Sand-, Schluff- und Tonsteine. Häufig sind sie rot, aber nicht grundsätzlich. Manchmal überwiegen auch braune oder gelbliche Farbtöne in den Gesteinen; mitunter auch graue oder rosafarbene. Farbgebend sind dabei fein verteilte und unter-

Rotliegend (ca. 290–270 Millionen Jahre vor heute)

Die Bezeichnung Rotliegend ist ein eigenwilliger Begriff und entstammt der alten Bergmannssprache aus der Mansfelder Region im südwestlichen Teil Sachsen-Anhalts. Dort wurde in Bergwerken der sog. graue Kupferschiefer abgebaut. Der Bergmann bezeichnet die Decke des Stollens als das Hangende. Das untere Ende des nutzbaren Gesteins, auf dem sich der Bergmann bewegt, nennt er das Liegende (Abb. 40). Wenn beim Abbau des Kupferschiefers unter dem Flöz (abbauwürdiges Gestein) das kupferfreie, sog. taube Gestein im Liegenden erreicht war, wurde es ursprünglich als „rotes totes Liegendes“ bezeichnet. Daraus entstand der Begriff Rotliegend. Insbesondere im Nordpfälzer Bergland prägen Gesteine des Rotliegend die Landschaft. Sie bilden die Westumrandung des Mainzer Beckens und außerdem seinen Untergrund. Sie sind entstanden vor rund 290 Millionen Jahren.

Abb. 40 Kalkbergwerk am Königsberg bei Wolfstein

Abb. 41 Superkontinent Pangäa vor rund 290 Millionen Jahren mit der ungefähren Lage des heutigen Deutschlands (roter Punkt)

schiedlich oxidierte Eisenminerale in den Gesteinen. Die Epoche des Rotliegend wird weiter unterteilt in die ältere Glan-Subgruppe und die jüngere Nahe-Subgruppe (Haneke 2013: 12, Abb. 5).

Im älteren Abschnitt der Rotliegend-Zeit war das Klima noch etwas feuchter. Die vorwiegend grauen Sedimente entstanden in Flüssen und Seen. Auf den trockeneren Höhenzügen wuchsen bereits damals frühe Koniferen (Nadelbäume), während an den feuchten Bachläufen und Uferzonen der Senken Farne, baumgroße Schachtelhalme, fremdartige Siegel- und Schuppenbäume verbreitet waren (Abb. 42). In diesem Umfeld lebten große Dachschädellurche (vgl. Abb. 6), molchähnliche Tiere und frühe Vertreter der Reptilien. Ihre Fährten sind in den nassen Uferbereichen ebenso fossil erhalten geblieben wie die von damaligen Insekten (Fischer 2020: 32 ff.). Im Laufe der Zeit verlandeten die Seen und es überwogen Flussablagerungen (Haneke 2013: 11). Im jüngeren Abschnitt der Rotliegend-Zeit entstanden Ablagerungen, die zweifellos unter Wüstenklima gebildet wurden.

Abb. 42 Pflanzenfossilien aus der Rotliegend-Zeit. Schachtelhalmstamm (Mitte linker Bildrand). Höhe der Platte ca. 1,60 m. Ausstellung im Geoskop

Abb. 43 Kantige Komponenten der Felstürme im Trollbachtal (vgl. Abb. 167)

Charakteristische Felstürme, die Trollfelsen, ragen aus den Weinbergen im Westen von Münster-Sarmsheim (vgl. Abb. 167). Im Trollbachtal kann man sie erkunden. Sie sind bereits auf der Autobahn A 61 sichtbar, wenn man von Bingen in Richtung Koblenz fährt. Oder umgekehrt von Koblenz in Richtung Mainz. Es sind selektiv verkieselte Sturzflutsedimente, wie sie zuweilen heute auch in Wüstenregionen entstehen. Geologen sprechen von Fanglomeraten (grobe Schwemmfächerablagerungen). Die Bestandteile der Trollfelsen setzen sich vorwiegend aus kantigem Schiefer- und Quarzit-Schutt zusammen (Abb. 43). Typische Gesteine aus dem Rheinischen Schiefergebirge. Vor 270 Millionen Jahren war diese Region ein Hochgebirge. Nach Süden erstreckte sich die Wüstenebene des heutigen Nordpfälzer Berglandes und Rheinhessens.

Ein Beispiel aus der Gegenwart: Regen in der Wüste ist ein seltenes Ereignis. Häufiger regnet es aber im Gebirge im Hinterland. Die geringe bis fehlende Vegetation kann die Sturzfluten aus dem Gebirge dann nicht aufhalten. Aufgrund ihrer hohen Energie reißen sie alles mit, was sich ihnen in den Weg stellt. Sie tragen ihre Fracht, bestehend aus wirrem Gesteinsschutt, in Erosionsrinnen, die man in Wüstenregionen als Wadis bezeichnet, weit hinaus in die Wüstenebene (Abb. 44). Wenn am Ende die Fließgeschwindigkeit zum Erliegen kommt, bilden sich kurzlebige Seen, in denen sich zuerst Sand und später die Tontrübe absetzt.

Abb. 44 Fanglomerate im Sossusvlei Canyon in Namibia

Abb. 45 Büttelfelsen bei Dahn im Pfälzerwald

Lokale Verkieselung von Sedimenten lässt eindrucksvolle Felstürme entstehen. Beispiele kennen wir aus dem Monument Valley des Colorado Plateaus der USA. In unserer näheren Umgebung prägen steil aufragende Buntsandsteinfelsen das Dahner Felsenland (Abb. 45). Ihre Widerstandsfähigkeit hat sie bis in die Gegenwart bewahrt, während ihre Umgebung längst der Verwitterung zum Opfer gefallen ist.

Ein anderes Sediment aus der Rotliegend-Zeit, das als Naturwerkstein zahlreiche Gebäude in Rheinhessen in vielfacher Weise prägt, ist der sog. Flonheimer Sandstein. Neben vielen eindrucksvollen Gebäuden in der Ortsgemeinde Flonheim, etwa 10 km nordwestlich von Alzey gelegen, wie bspw. die doppelspitzige evangelische Kirche am Marktplatz, ist die Apotheke im klassizistischen Baustil ein herausragendes Beispiel für die Verwendung dieses unverwechselbaren Naturwerksteins (Abb. 46). Darüber hinaus wurde Flonheimer Sandstein, neben zahlreichen Anlieferungen von Naturwerksteinen aus verschiedenen Regionen, zum Innenausbau des Kölner Doms verwendet.

Flonheim war in den letzten Jahrhunderten ein Zentrum für die Gewinnung von Sandstein. In einer Publikation über die Großbaustelle Kölner Dom wird von 17 verschiedenen Steinbrüchen von einem guten Dutzend Steinbruchbesitzern berichtet (Schu-

Abb. 46 Apotheke im klassizistischen Stil aus Flonheimer Sandstein in Flonheim

Abb. 47 Typische Bänderung aus Eisen-Manganoxiden im Flonheimer Sandstein. Bildbreite etwa 1 m

Abb. 48 Andesitlava aus der Rotliegend-Zeit mit eingeschlossenen Gasblasen. Größter Durchmesser ca. 18 cm

Abb. 49 Die Gasblasen der Andesitlava sind mit Achaten ausgefüllt. Teilweise lassen sich Fließstrukturen der ehemals glutflüssigen Lava erkennen

macher 1993: 199 f.). Die schwankende Qualität der gelieferten Steine und die unterschiedlichen Maße der gelieferten Naturwerksteine führten zu zahlreichen überlieferten Prozessen zwischen Steinbruchbetreibern und Lieferanten für den Bau des Kölner Doms. Aber wie unterscheidet sich Flonheimer Sandstein von anderen, ähnlichen Sandsteinen?

Dieses in Rheinhessen typische und weitverbreitete Sediment als fein- bis mittelsandiger Naturwerkstein bei historischen Gebäuden hat eine hellbraue bis beige Farbe, häufig mit einer charakteristisch unregelmäßigen dunkelbraunen oder schwarzen Bänderung (Abb. 47). Sie entsteht, wenn mineralisiertes Grundwasser an der Oberfläche in Gesteinsklüften verdunstet. Dabei entstehen Ränder von ausgeschiedenen Mineralen.

Schauen Sie zur Verdeutlichung doch nach einem langen Telefonat einfach mal in Ihre Kaffee- oder Teetasse. Dort ist inzwischen ein ähnlicher Prozess abgelaufen: Wasser ist verdunstet, und darin gelöste Stoffe haben sich am Rand abgelagert. In der Tasse sind es Kaffee- oder Teeextrakte, im Gestein sind es vielfach gelöstes Eisenoxid und Mangan. Für den Flonheimer Sandstein ist diese Bänderung also typisch. An Sandsteinen im Pfälzerwald aus dem Zeitalter Buntsandstein kann man dieses Phänomen ebenfalls hin und wieder beobachten.

Aber auch magmatische Gesteine sind an der Abfolge der Rotliegend-Zeit beteiligt. Basaltähnliche dunkle Andesite, früher bekannt unter der Bezeichnung Melaphyr („schwarzer Stein“), durchbrachen als glutflüssige Massen entlang tief reichender Klüfte die Erdkruste. Sie stammen vermutlich aus einer oder mehreren tief liegenden Magmenkammern (vgl. Abb. 120) im Bereich zwischen Erdmantel und Erdkruste. Dabei entstanden jedoch keine Vulkankegel, wie man sich allgemein den Vulkanismus vorstellt. Stattdessen bildeten sich wohl entlang der Klüfte weitreichende Spalteneruptionen, bei denen flüssiges Gestein in Fontänen in die Luft geschleudert wurde. Besonders nachts muss es ein eindrucksvolles Schauspiel gewesen sein. Als der enorme Druck in der Magmenkammer nachließ, flossen gering viskose (dünnflüssige) Laven über die damalige Landschaft aus. Einige der Laven waren gasreich. Infolge der Druckentlastung beim Aufstieg des glühenden Gesteins bildeten sich beim Ausfließen Gasblasen. Wie beim Öffnen einer Sektflasche. Beim Abkühlen sind sie als Hohlräume erhalten geblieben (Abb. 48). Darin bildeten sich in einer späteren Phase Achate (Abb. 49) und Drusen, die teil-

Abb. 50 Granitgeröll mit großen Feldspäten (Cornwall) links und Rhyolith-Geröll mit winzigen herausgewitterten Feldspäten in Form von Grübchen (Steigerberg) rechts. Durchmesser des Granitgerölls ca. 8 cm

Abb. 51 Rhyolith-Fragmente im Rhyolith (Autoklastische Brekzie). Es handelt sich vermutlich um abgekühlte Bereiche aus der Oberfläche des glühenden Lavastroms, die beim Fließen aufrissen und in die Schmelze wieder eingemengt wurden. Kantenlänge des größten Fragments ca. 30 cm

weise mit Amethyst, Bergkristall oder Rauchquarz ausgekleidet sind.

Etwas später (Schopp 1911 sowie 1913: 30 f.) wurde durch erneuten Druckanstieg auch der verbliebene „Bodensatz" der Magmenkammer an die Erdoberfläche gefördert. Kieselsäurereiches Magma, das wir als Rhyolith bezeichnen, drang in die Gesteine der Erdkruste ein. Vergleichbar mit dem Granit, besteht der hellgraue, zuweilen rosafarbene Rhyolith (Abb. 50) im Wesentlichen aus den Mineralen

Abb. 52 Blick auf den Rotenfels bei Bad Kreuznach

Sandstein und Rhyolith

Gesteine aus der Zeit des Rotliegends sind vielfältig verwendbar. Sandsteine waren schon jeher, zumindest aber seit römischer Zeit, begehrte Rohstoffe für den Gebäude- und Mauerbau. Möglicherweise galten sie bereits in der Jungsteinzeit als geeignete Materialien für Menhire. In der jüngeren Geschichte war Flonheim ein gefragtes Zentrum zur Lieferung von bisweilen hochwertigen Sandsteinen. Man muss sich lediglich die älteren Häuser in Flonheim und der näheren Umgebung anschauen. Der Typ Flonheimer Sandstein wurde allerdings nicht nur in Flonheim gebrochen, sondern auch in Alzey-Weinheim im ehemaligen Steinbruch Marx an der Neumühle und auch in Steinbrüchen zwischen Offenheim und Bechenheim. Der offen gelassene Steinbruch bei Nack weist ein vergleichbares Gesteinsbild auf. Im Ortskern von Nack entdeckt man mehrere ältere Häuser aus diesem Sandsteintyp, die besondere Ornamente auf der Oberfläche tragen (Abb. 53). Sie sind absolut sehenswert. In der weiteren Umgebung habe ich ein Haus im Zentrum von Wöllstein mit vergleichbaren Mustern entdeckt, an einem Haus und einer dazu gehörenden Gartenmauer in Armsheim, in Lonsheim beim Weingut Mohr in Form von Tür- und Fenstergewänden. Und kürzlich an einem Haus mitten in Morschheim.

Leider weist keiner der derzeit bestehenden Steinbrüche einen Hinweis auf römische Aktivitäten aus. Vermutlich sind sie dem Gesteinsabbau der folgenden Zeit zum Opfer gefallen oder sie waren grundsätzlich nicht vorhanden. Die römischen Weihealtäre, zu sehen im Alzeyer Museum, bestehen aus diesem typischen Sandstein. Es ist schwierig, ihre genaue Herkunft zu klären. Vermutlich stammt zumindest ein Großteil aus Flonheim. Möglicherweise auch aus dem seit einigen Jahrzehnten verfüllten Steinbruch an der Neumühle.

Aber auch die magmatischen Gesteine wie Rhyolith wurden vielfach als Bausteine genutzt. Speziell in den Ortsgemeinden Wonsheim, Eckelsheim (Abb. 54), Siefersheim, Neu-Bamberg, Frei-Laubersheim bis hin nach Wöllstein und Gau-Bickelheim prägen diese Naturwerksteine die Dorfzentren.

Selten findet dagegen dunkelgrauer Andesit Verwendung. Bis auf ein einziges mir bekanntes Vorkommen in einem aufgelassenen Steinbruch bei Wendelsheim ist er allgemein sehr verwitterungsanfällig und damit wenig bis ungeeignet zum Bau von Gebäuden und Weinbergsmauern. Selbst im nahe gelegenen Aulheimer Tal, in dem Andesit noch in den 50er-Jahren in mehreren Steinbrüchen als Straßenschotter gewonnen wurde, bestehen die Weinbergsmauern aus Flonheimer Sandstein.

Abb. 53 Ornamente auf den Oberflächen von Sandsteinhäusern in Nack (westlich von Alzey)

Abb. 54 Haus in Eckelsheim aus Rhyolith-Naturwerksteinen

Feldspat, Quarz und Glimmer (vgl. Abb. 124). Noch vor ein paar Jahren wurde dieses Gestein als Porphyr oder auch Quarzporphyr bezeichnet. Die derzeitige Bezeichnung Rhyolith kann in etwa mit „Fließstein" übersetzt werden. Teilweise wölbte das Magma die überlagernden Gesteine auf und erstarrte dabei. So entstanden der Donnersberg bei Kirchheimbolanden sowie der Rotenfels und der Rheingrafenstein bei Bad Kreuznach (Abb. 52). Der Donnersberg und der Kreuznacher Rhyolithdom waren nie aktive Vulkane. Die Magmen drangen lediglich bis in die obere Erdkruste ein und kühlten rasch ab. Allerdings wurden mehrfach vulkanische Aschen ausgestoßen, die als Tuffhorizonte zur Gliederung der Gesteinsabfolgen beitragen. Lediglich am Südostrand des Kreuznacher Rhyolithdoms drang rhyolithisches Magma an die Oberfläche und wälzte sich als zäh-viskoser Lavastrom über die damalige Landoberfläche bis in die Region des heutigen Steigerbergs (Lorenz 1973: 157). Vermutlich wurde er eher geschoben, als dass er floss. Die glühenden Walzen des zähen Stroms nahmen Verwitterungsschutt von der Landoberfläche im Untergrund ebenso wie Fragmente der eigenen abgekühlten Lavaoberfläche auf und integrierten sie in die glühende Masse (Lorenz 1973: 156, Abb. 8) (Abb. 51). Die Brandungsfelsen des Rhyolithkliffs am Steigerberg belegten solche Abläufe. In der Zeit vor etwa 30 Millionen Jahren bestand die Westküste des Meeres im Mainzer Becken aus den verschiedenen Gesteinen der Rotliegend-Zeit.
Das Archiv der rheinhessischen Erdgeschichte endet nun erstmal mit den jüngsten Gesteinen der Oberen Rotliegend-Zeit.

Sedimente des nächstjüngeren Zeitalters Zechstein, die in der benachbarten Pfalz verbreitet sind (Dittrich 2013: 20 ff.), finden wir in Rheinhessen nicht. Ebenso fehlen Dokumente des Erdmittelalters vollständig. Im Raum Grünstadt und Bad Dürkheim begrenzen die Sedimente den Südwesten des Mainzer Beckens (vgl. Abb. 35). Möglicherweise wurden sie damals auch in Rheinhessen abgelagert, dann aber im weiteren Verlauf der Erdgeschichte wieder abgetragen. Eventuell war sogar in der Jura- und Kreidezeit die alte, aus Rotliegend-Gesteinen bestehende Landoberfläche des heutigen Rheinhessens von Dinosauriern belebt. Jedoch sind die Spuren ausgelöscht, falls es sie denn überhaupt gegeben hat.

DAS ERDMITTELALTER (MESOZOIKUM)

Trias, Jura und Kreide

Das Erdmittelalter, Geologen sprechen vom Mesozoikum, besteht aus den Einheiten Trias, Jura und Kreide. Der Superkontinent Pangäa (vgl. Abb. 41) zerfiel allmählich in mehrere Kontinente, die sich voneinander wegbewegten. Die entsprechenden Gesteine aus dieser Zeit finden wir in nächster Umgebung in der Pfalz, in Hessen und in Baden-Württemberg. Vielfältige Gruppen der Saurier, wie wasserlebende sowie fliegende Reptilien oder landlebende Dinosaurier und die mit den Tintenfischen verwandten Ammoniten, entwickelten sich in diesem Zeitabschnitt als spektakuläre Lebewesen. Der Ur-Vogel Archaeopteryx ist eines der weltweit berühmtesten Fossilien der Schwäbisch-Fränkischen Alb. Eindrucksvolle Fossilien des Mesozoikums können wir in zahlreichen Museen in Baden-Württemberg und Bayern, bspw. in Karlsruhe, Stuttgart, Holzmaden, Dotternhausen, Trossingen, Solnhofen, Eichstädt und München sehen.
Am Ende der Kreide-Zeit starb mit den letzten Sauriern und Ammoniten ein breites Spektrum von unterschiedlichsten Lebewesen aus. Aus dieser Katastrophe entstanden zu Beginn des folgenden Tertiärs neue Lebensräume für die Entwicklung der Vögel und Säugetiere und letztendlich auch für die Entwicklung der Menschen. Erst in der Erdneuzeit, in der Fachsprache als Känozoikum bezeichnet, finden wir im rheinhessischen erdgeschichtlichen Archiv neue und eindrucksvolle Dokumente.

Rahmenbildende Entwicklungen hin zur Erdneuzeit in Rheinhessen vor rund 100 Millionen Jahren

Die Voraussetzungen für die rahmenbildenden Entwicklungen in Rheinhessen entstanden bereits in der Unterkreide vor rund 100 Millionen Jahren. Mehrere Mikrokontinente, wie bspw. die sog. Adriatische Platte, hatten sich vom nordafrikanischen Kontinent gelöst. Sie trifteten nach Norden, wo sie mit dem mitteleuropäischen Kontinent kollidierten. Das war der Beginn der Alpenentstehung. Wie überdimensionale Eisschollen schoben sich Krustenteile übereinander (Abb. 55). Ein „Crash-Test“, bei dem unvorstellbare Energien freigesetzt werden – unmerklich langsam, aber stetig. Diese Bewegungen, bei denen sich Hebung und Abtragung in etwa die Waage halten, halten bis in die Gegenwart an.
Etwa zur gleichen Zeit löste sich das heutige Indien von Ostafrika und triftete gleichfalls nach Norden. Bei der Kollision mit Asien wurde der Himalaya aufgefaltet und in der Folge das Hochland von Tibet vor etwa 2,7 Millionen Jahren herausgehoben. Auch die Alpen wurden ab diesem Zeitpunkt zum Hochgebirge, allerdings in etwas geringerem Ausmaß. Diese Bildung von Hochgebirgen war eine von vielen Voraussetzungen für die veränderten klimatischen Verhältnisse im Eiszeitalter.
Es gibt eine ganze Reihe von Kollegen, welche die Gebirgsbildung der Alpen (geologisch: Alpen-Orogenese) als Folge der Kollision der afrikanischen Platte mit der mitteleuropäischen Platte sehen. Kann das sein?
Wenn schon der relativ kleine Subkontinent Indien bei der Kollision mit Asien den Himalaya aufgefaltet hat und es dazwischen nicht einen Tropfen Meerwasser mehr gibt, wie würden denn erst die Mittelmeerregion und das Faltengebirge der Alpen aussehen, wenn die afrikanische Kontinentalplatte tatsächlich Europa gerammt hätte? Das passiert vermutlich erst in einigen Millionen Jahren. Dann bleibt vom heutigen Mittelmeer nicht mehr übrig als lediglich ein gigantischer Gesteinsstapel. Meeresboden wird dann vermutlich zu grandiosen Gipfeln eines extremen Hochgebirges.
Während der Alpenentstehung wurden Bereiche des damaligen mitteleuropäischen Kontinents unter die anbrandenden Gesteinsstapel der Mikrokontinente verfrachtet (vgl. Abb. 55). In den Zentralalpen entstanden metamorphe Gesteine. Infolge der Überschiebungen erhöhte sich die Auflast auf die untere Erdkruste und den oberen Erdmantel. Gleichzeitig war wohl der Druck aus Südosten in Richtung Nordwesten enorm. Wir können davon ausgehen, dass es dadurch zu Massenverlagerungen im Erdmantel nach Nordwesten kam. In der Region zwischen den

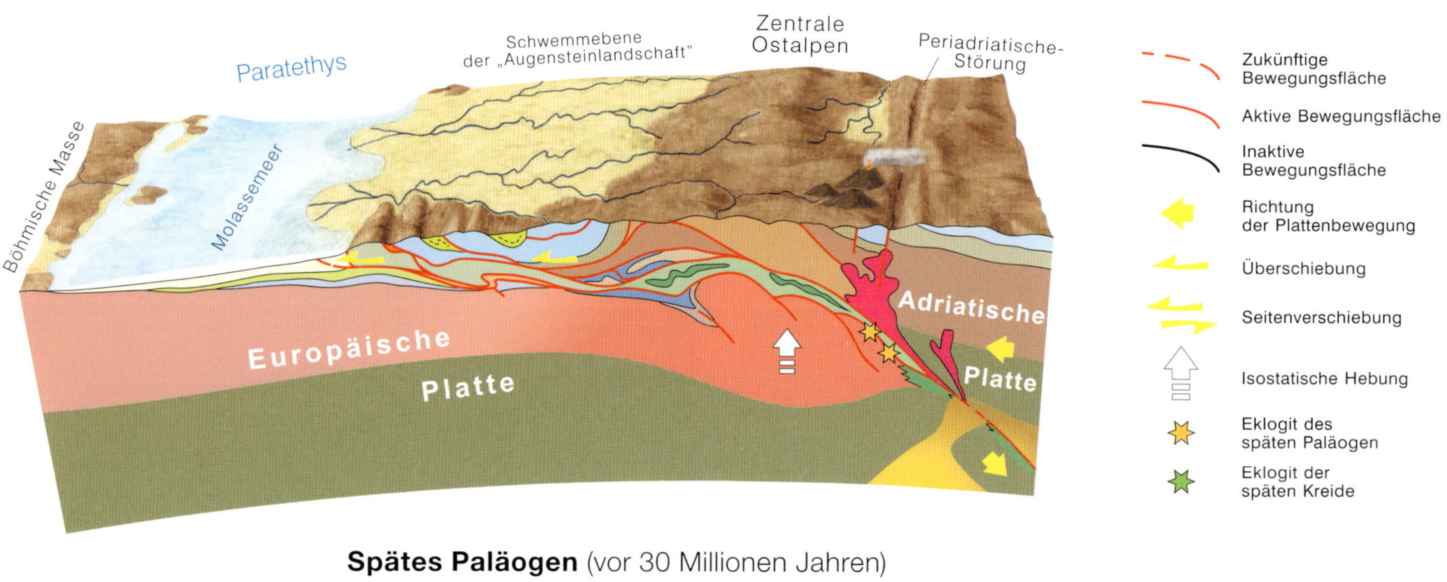

Abb. 55 Blockbild zur Situation der Alpenentstehung im Zeitalter Oligozän vor rund 30 Millionen Jahren

Abb. 56 Holzmodell zur Veranschaulichung einer Grabenbildung

heutigen Vogesen und dem Schwarzwald trafen sie auf eine geologische Schwächezone mit altangelegten, tief greifenden Rissen und Klüften (Geologen sprechen von einer Störungszone) in der Erdkruste. Die unter hohem Druck stehenden Massen im Erdmantel konnten unter dieser Zone nach oben ausweichen. Nach der heutigen Vorstellung kam es in diesem Zusammenhang zu einer Aufwölbung und gleichzeitig einer Dehnung der überlagernden Erdkruste. Wie bei einem Gewölbe, welches überdehnt wird, brach, bildlich gesprochen, der obere „Schluss-Stein" ein. Platz war vorhanden, weil sich gleichzeitig im Westen Europas der Nordatlantik wie ein überdimensionierter Reißverschluss von Süden nach Norden öffnete. Der Oberrheingraben entstand (Abb. 56 und 59).

Der Oberrheingraben

Vor etwa 50 Millionen Jahren begann der Zentralteil des Grabens allmählich abzusinken. Stellenweise wurde Platz geschaffen für vulkanische Aktivitäten. Beispiele für diese frühe Phase sind der Forster Basalt an der nördlichen Weinstraße (Abb. 57) oder der Vulkanschlot im Rheinniveau bei Nackenheim (Abb. 58). Etwas später drang die vulkanische Aktivität des Kaiserstuhls im südlichen Graben an die Oberfläche (Abb. 59) und prägte daraus resultierend eine außergewöhnliche Weinbauregion. In der nördlichen Verlängerung entstand auf ähnliche Weise in der Hessischen Senke der Vogelsberg. Das Ostafrikanische Grabensystem mit all seinen Begleiterscheinungen ist ein Beispiel für Grabenbildung in der Gegenwart.

Man darf sich den Untergrund des Oberrheingrabens jedoch nicht als eine einzige Platte vorstellen, sondern als ein Schollenmosaik, in dem jeweils einzelne Schollen eigenständige Bewegungen durchführen konnten. Mit der Absenkung des Zentralbereichs des entstehenden Grabens hoben sich gleichzeitig die Flanken des Oberrheingrabens, in diesem Fall die Randgebirge von Schwarzwald und Vogesen sowie von Pfälzerwald und Odenwald. Ein Prozess, der sich bis in die Gegenwart fortsetzt. Denn noch immer finden Bewegungen statt.

Die weiterhin in Hebung befindlichen Alpen haben nach wie vor Einfluss auf die Absenkungen im Oberrheingraben. Der Graben weitet sich um etwa 0,5 mm pro Jahr, während einzelne Grabenschollen 1 bis 2 mm im Jahr absinken können. Diese Bewegungen sind für uns nicht wahrnehmbar. Aber in geologischen Dimensionen summieren sich in Zeiträumen von Tausenden, Zehntausenden, Hunderttausenden Jahren oder sogar Jahrmillionen erhebliche Beträge. Zusätzlich bewegt sich der westliche Grabenrand (Vogesen und Pfälzerwald) in Richtung Süden, während der östliche Grabenrand (Schwarzwald und Odenwald) in Richtung Norden triftet. Geologen sprechen von sinistralen (vom jeweiligen Standort nach links gerichteten) Flankenverschiebungen der Randgebirge.

Abb. 57 Aufgelassener Basaltsteinbruch mit Säulenbildung bei Forst an der Weinstraße

Abb. 58 Vulkanschlot verfüllt mit vulkanischen Auswurfmassen im Rhein bei Nackenheim. Zugänglich nur bei extremem Niedrigwasser

Zum Verständnis: Stellen Sie sich vor, Sie stehen auf der Wachtenburg bei Wachenheim. Sie schauen auf den gegenüberliegenden Odenwald, der unmerklich nach links, d. h., nach Norden verschoben wird (Abb. 60). Und wenn Sie andererseits auf dem Melibokus am Westrand des Odenwalds stehen und über den Oberrheingraben auf den Pfälzerwald schauen, wird dieser relativ nach links in Richtung Süden verschoben. Bei diesem Prozess können zahlreiche Schollen im Graben rotiert werden. Sie können sich dabei verhaken oder freigesetzt werden und stärker absinken, weil sich Klüfte bei diesem Prozess weiten oder schließen können. Solche Bewegungen können wir mit modernen Methoden messen. Wenn sich allmählich aufgebaute Spannungen ruckartig lösen, gibt es Erdbeben. Die meisten davon spüren wir aber gar nicht. Vom Landesamt für Geologie und Bergbau (LGB) registrierte Erdbeben in der Region können unter https://www.lgb-rlp.de/fachthemen/landeserdbebendienstrlp/erdbebenereignisselokal.html?no_cache=1 aufgerufen werden.

Wegen der Dehnungsbewegungen im Graben bauen sich weitaus geringere Spannungen auf als bspw. in Japan, wo sich durch Einengung enorme Reibungskräfte zwischen der Inselkette und den darunter absinkenden ozeanischen Krustenteilen aufbauen.

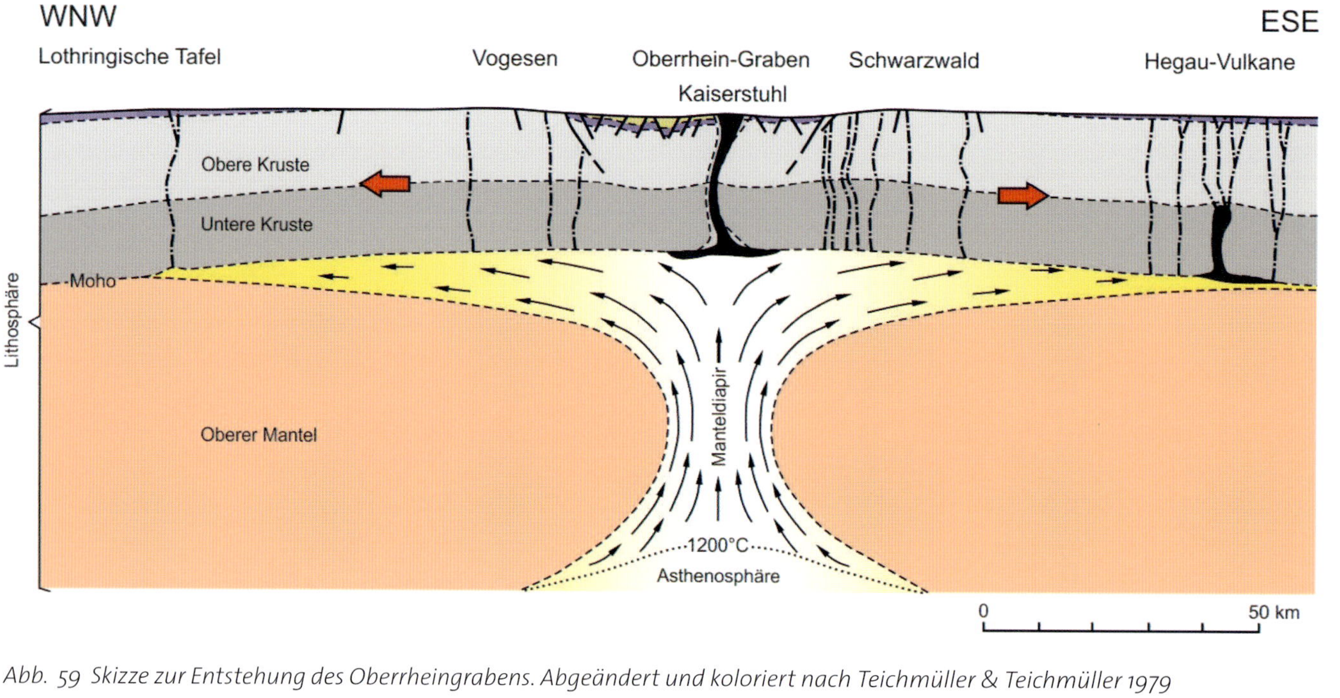

Abb. 59 Skizze zur Entstehung des Oberrheingrabens. Abgeändert und koloriert nach Teichmüller & Teichmüller 1979

Abb. 60 Blick von der Wachtenburg bei Wachenheim nach Osten auf den Odenwald. Der Pfeil zeigt die relative Blockbewegung nach „links“

Das Mainzer Becken ist ein Teil des Oberrheingrabens und bildet dessen nordwestliche Grabenschulter. Die starken Absenkungen im Graben übertrugen sich nur bedingt auf das Mainzer Becken, denn es reagierte immer in geringerem Maß auf Bewegungen des Untergrundes als der Oberrheingraben.

DIE ERDNEUZEIT (KÄNOZOIKUM)

Die Erdneuzeit, wie das Känozoikum in der Umgangssprache bezeichnet wird, besteht aus den Systemen Tertiär und Quartär (vgl. Abb. 34). Die ältesten Ablagerungen im Mainzer Becken sind zunächst Sedimente, die aus der Verwitterung der Umrandung und des Untergrundes aus Rotliegend-Gesteinen entstanden sind. Die frühen Ablagerungen aus dem Tertiär-Zeitalter bildeten sich in südwest-nordost angelegten flachen Tälern mit dem Absinken des Mainzer Beckens. Man bezeichnet sie als „Eozäne“ Basistone und -sande, die völlig fossilfrei sind. An dieser Stelle gehe ich jedoch nicht näher auf sie ein, weil man sie in Rheinhessen an der Erdoberfläche nicht antreffen kann. Sie sind lediglich aus Bohrungen bekannt (Schäfer 2012: 19 ff.). Ein außergewöhnliches Klima-Archiv aus dieser Zeit vor etwa 48 Millionen Jahren ist in der Grube Messel, UNESCO-Weltnaturerbestätte nördlich von Darmstadt, erhalten geblieben (Abb. 61). Tier- und Pflanzenfossilien, darunter die berühmten Ur-Pferdchen, belegen in dem damaligen Maar-See tropische Klimaverhältnisse für die Region. Ein weiterer Beleg

Abb. 61 Grabungsareal der Grube Messel

für ähnliche klimatische Verhältnisse stammen aus dem Eckfelder Maar bei Manderscheid. Grabungen des Naturhistorischen Museums in Mainz förderten einmalige Belege aus der Zeit vor etwa 44 Millionen Jahren zutage, darunter Krokodile, Ur-Pferdchen, Insekten wie bspw. Vorläufer der heutigen Honigbienen, außerdem Samen von frühen Weinreben (Fischer 2020: 62 ff.). Im südwestlichen Mainzer Becken, auch als Eisenberger Becken bezeichnet, entstanden im frühen Tertiär baustoff-wirtschaftlich bedeutsame Tone und die Eisenberger Klebsande (Abb. 62).

Abb. 62 Betriebsgelände der Eisenberger Klebsandwerke (EKW) in Eisenberg

Ein erster Meeresvorstoß nach Rheinhessen erfolgte vor rund 35 Millionen Jahren wohl von Süden her über den Oberrheingraben. Es handelt sich um Sedimente der sog. Pechelbronn-Schichten, benannt nach dem Ort Pechelbronn, „Pech-Brunnen oder -Quelle". Das Dorf Merkwiller-Pechelbronn im Nordelsass war das erste Zentrum der Erdölförderung in Mitteleuropa. In der Ortsmitte erinnert das Französische Erdölmuseum an diese für viele unbekannte Epoche. Eine erste Erwähnung stammt aus dem Jahr 1498. Man nutzte anfangs das an der Erdoberfläche austretende Rohöl als Heilmittel und zum Schmieren der Wagenräder. Ab 1735 wurden Ölsande in unterirdischen Schächten abgegraben. Etwas später setzte man erstmals Bohrungen zur Förderung ein. 1745 entstand das erste Labor als Vorläufer unserer heutigen Raffinerien. Im Wald von Surbourg, etwa 2,5 km südlich von Pechelbronn, gibt es auch heute noch eine von vermutlich acht Austrittstellen von Erdöl, Erdgas und Wasser, in denen sich bevorzugt Wildschweine suhlen (Schmidkonz 2019: 36 f.) (Abb. 63).

Für Tiefbohrungen im Oberrheingraben stellen die Pechelbronn-Schichten wegen ihrer charakteristischen Ausbildung und wegen ihrer Erdölführung einen wichtigen Leithorizont in der Gesteinsabfolge dar.

In der Umgebung des Mainzer Beckens wurde 1953 eine Bohrung bei Eich auf Erdöl fündig. Eich gehört

Abb. 63 Erdölaustrittsstelle im Wald von Surbourg bei Pechelbronn im Elsaß. Sie dient Wildschweinen, die sich anschließend an den Eichenstämmen borsten, als Suhle

zwar zu Rheinhessen, liegt aber aus geologischer Sicht im Oberrheingraben und daher nicht im Mainzer Becken. Im Mainzer Becken sind die Pechelbronn-Schichten lediglich an einer einzigen Stelle im Westen von Nackenheim anzutreffen (Schäfer 2012: 166). Es handelt sich wohl um Tonmergel (Tone mit einem geringen Kalkanteil), deren Mikrofossilien auf brackische (durch Süßwasser verdünntes Salzwasser) Umweltbedingungen hinweisen. Ansonsten sind sie im Mainzer Becken in zahlreichen Bohrungen nachgewiesen. Im Gegensatz zum Oberrheingraben führen sie weder Erdöl noch Erdgas.
Aber dann kam das Meer mit aller Macht.

Das Oligozän-Zeitalter

Umweltrekonstruktionen: Das Meer

Im Oligozän-Zeitalter, vor etwa 30 Millionen Jahren, gab es einen weltweiten Meeresspiegelanstieg. Dabei drang das Meer von Norden her bis zu den Mittelgebirgen vor. Über die Hessische Senke erreichte es auf der Linie Hannover–Kassel–Frankfurt den Oberrheingraben und das Mainzer Becken. Vermutlich gab es im Süden des Oberrheingrabens zumindest zeitweise eine Verbindung zum Meer des Alpenvorlandes, geologisch als Molassebecken oder Paratethys bezeichnet, sowie möglicherweise über den Rhônegraben mit dem Meer in Süden, der sog. Tethys (Abb. 2 und 64).
Zunächst wurden im Mainzer Becken nur die Täler geflutet, aber im weiteren Verlauf griff das Meer immer weiter auf das gesamte Umland des Mainzer Beckens über. Die Schichtenfolge des ersten Meereszyklus wurde unter dem Begriff **Mergeltertiär** (Mergel ist ein tonig-kalkiges Sedimentgestein) zusammengefasst. Die neue Bezeichnung ist **Selztal-Gruppe** (Grimm et al. 2000: 350; vgl. Tab. 1 S. 79). Eindrucksvolle Küstenablagerungen aus dieser Zeit sind v. a. in der Region zwischen Alzey und Bad Kreuznach erhalten geblieben. Sie dokumentieren die wechselvolle Küstenlinie im Westen des Mainzer Beckens.

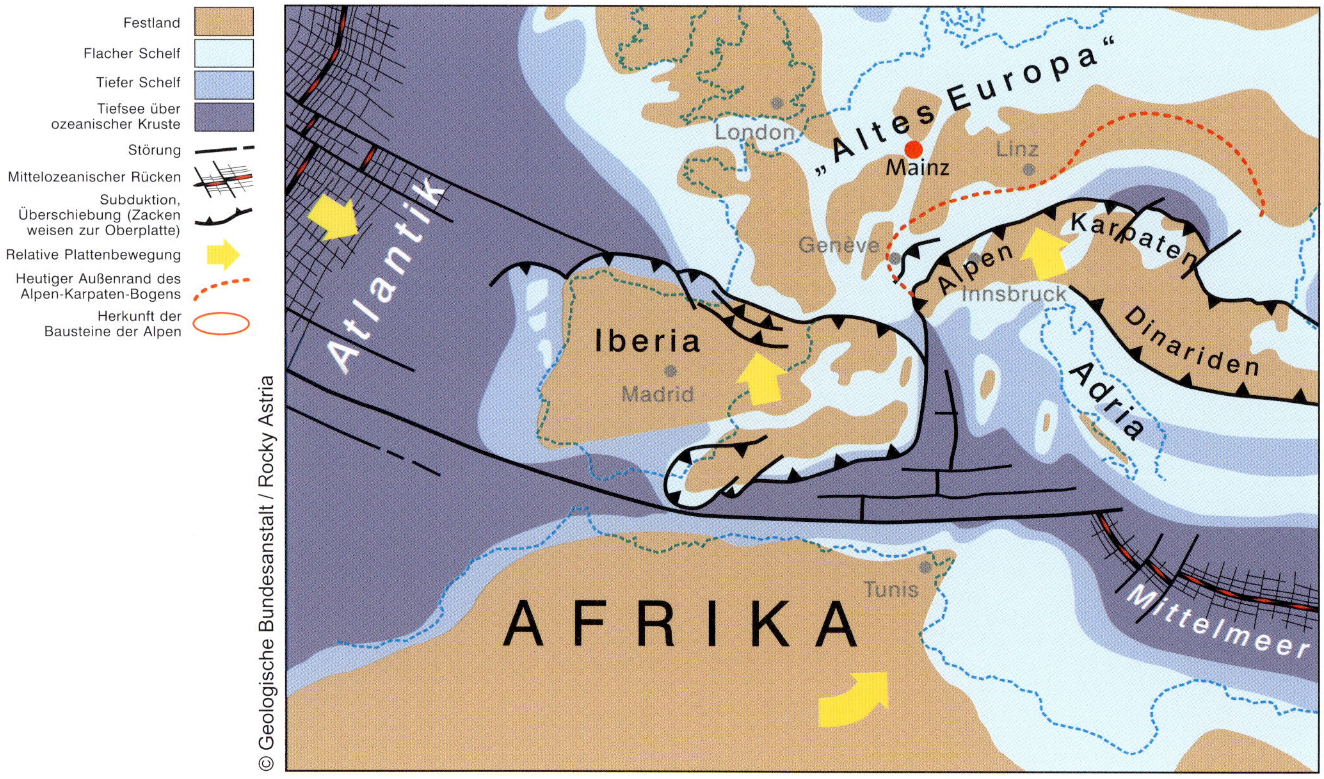

Abb. 64 Paläogeographie des alpinen Raumes und seiner Umgebung im Oligozän vor 30 Millionen Jahren

Die Küste im Westen des Mainzer Beckens

Längere Zeit waren diese Sedimente als **Unterer Meeressand** bekannt. In neuerer Zeit werden sie als **älterer Teil der Alzey-Formation** (Abb. 65; doppelseitig; Tab. 1 S. 79) bezeichnet. Sandstrände im Wechsel mit Felsküsten aus Sandstein und untergeordnet aus basaltähnlichem Andesit (Melaphyr) sind charakteristisch für die Küsten in der Weinheimer Bucht; Sandstein ist schwerpunktmäßig an der nordwestlichen Küste der Halbinsel bei Flonheim zu finden. Völlig anders präsentiert sich die Küste im Nordwesten des Mainzer Beckens zwischen Eckelsheim und Bad Kreuznach. Das hier vorhandene Rhyolith-Gestein (eine veraltete Bezeichnung ist Porphyr) ist gegenüber der Verwitterung widerstandsfähiger als Sandstein und Andesit. Daher waren Felsküsten in diesem Raum stärker ausgeprägt. Geröll- und Kiesstrände in deren Fortsetzung sind typische Indizien für Sturmphasen an einer Hochenergieküste. In dieser Region sind die Küstensedimente in Form von Geröllen über Kies bis hin zu Sand zusammengesetzt. Ein herausragendes Beispiel für eine Hochenergieküste war das Brandungskliff in der Kiesgrube der Firma RKS am Steigerberg bei Eckelsheim. Erste Felspartien entdeckte ich 1997 bei Kartierungsarbeiten dort unter Kies- und Sandsedimenten. 1999 wurde das Kliff von einer Arbeitsgruppe des CJD (Christliches Jugenddorfwerk), unterstützt vom Arbeitsamt Alzey, begleitet vom Geologischen Landesamt in Mainz unter Leitung meines späteren Kollegen Roger Lang, weitgehend freigelegt (Abb. 66). Bezeichnend für die damalige Küstendynamik sind außerdem teilweise kubikmetergroße gerundete Rhyolithblöcke (Kuhn 2002). In geschützteren Buchten entstanden Sandstrände. Die Mächtigkeiten (Dicke der Küstensedimente) sind regional sehr unterschiedlich. Sie reichen von weniger als 1 m bis zu mehreren Zehnermetern.

Wie kann eine solche Küstendynamik in einem recht kleinen Binnenmeer wie dem Mainzer Becken erklärt werden? Ursachen waren wohl jeweils Überlagerungen von Ereignissen. Zwischen Inseln und Buchten gab es vielfach nur enge Durchlässe für Strömungen, die wahrscheinlich einen Trichtereffekt verursachten. Vorstellbar sind zusätzlich Ausgleichsströmungen zwischen dem verhältnismäßig kühlen Nordmeer und dem relativ warmen Tethys- bzw. Paratethys-Meer im Süden (vgl. Abb. 2 und 64).

Abb. 66 Das Brandungskliff am Steigerberg bei Eckelsheim während seiner Freilegung im Jahr 1999

Gezeiten waren wohl ebenfalls ausgeprägt. Wenn sich nun Sturmphasen mit Spring-Tiden und Ausgleichsströmungen überlagerten, könnte eine enorme Dynamik entstanden sein, welche die Westküste im Mainzer Becken in Aufruhr brachte.

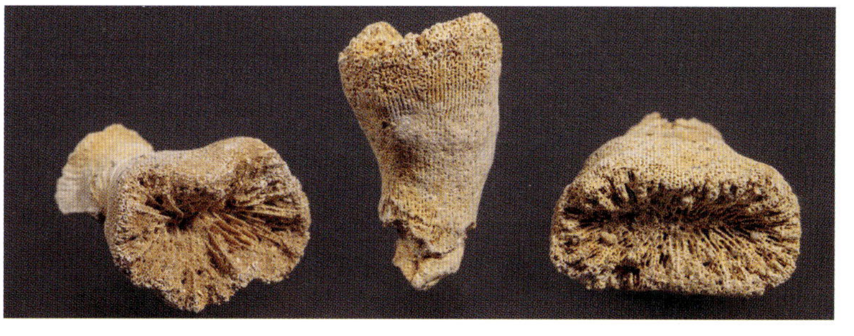

Abb. 67 Solitärkorallen Balanophyllia *sp. aus dem Küstensand vom Steigerberg. Sie sind Belege für subtropische Temperaturen im damaligen Meer. Die Größe der Exemplare liegt allgemein zwischen 1 bis 2 cm*

Klima und Fossilien

Paläontologen, man könnte sie auch als Biologen für die Erdgeschichte bezeichnen, rekonstruieren das Klima einer erdgeschichtlichen Epoche häufig mithilfe charakteristischer Fossilien (Versteinerungen) bzw. Fossilgruppen. Sie vergleichen Fossilien mit verwandten, in der Gegenwart lebenden Formen. Deren klimatische und ökologische Lebensbedingungen lassen Rückschlüsse auf das Klima jener Epoche zu, in der die Fossilien gelebt haben.

Abb. 68 Gebrochene Austernschale mit aufgewachsener Seepocke

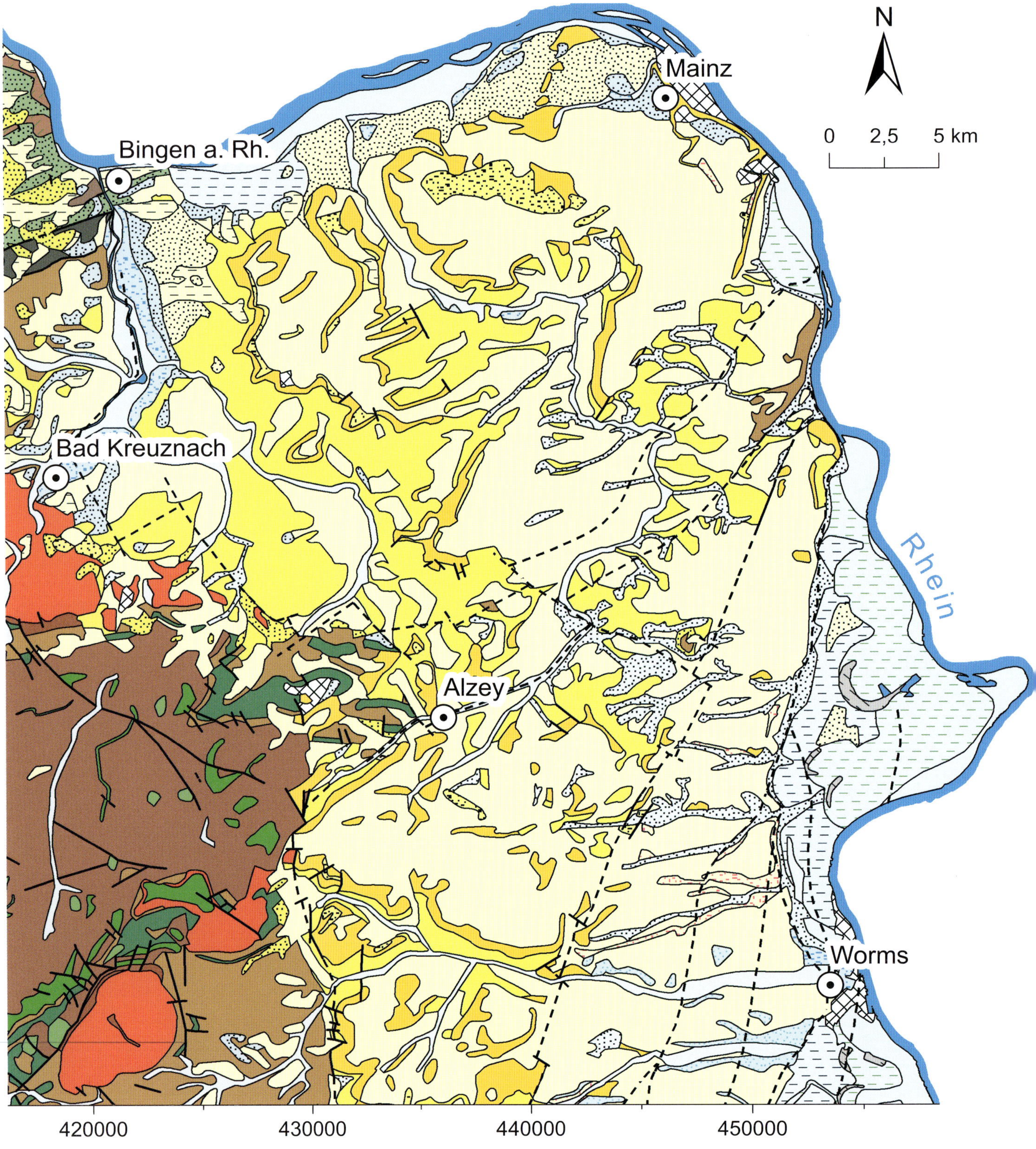

Abb. 65 Geologische Karte des Mainzer Beckens. Ausschnitt aus der Geologischen Übersichtskarte 1:300.000 Rheinland-Pfalz

Legende zur geologischen Karte

Ära	Periode	Epoche	Einheit
Känozoikum	Quartär	Holozän	Wasserflächen
			künstlich verändertes Gelände
			Abschwemm-Massen
			Moorbildungen
			Rheinaue mit rezenten bis subrezenten Mäandersystemen
			Rheinaue mit alten Mäandersystemen
		Pleistozän - Holozän	fluviatile Sedimente, ungegliedert
			Hochflutsedimente der Altauen über Niederterrassen
			Flugsand
			Rutschmassen, Rutschschollen
		Pleistozän	Löss, Lösslehm, Schwemmlöss und Sandlöss
			Niederterrassen
			Fließerde und ähnliche Umlagerungsbildungen
			ältere Terrassen (Mittel-, Haupt- und Höhenterrassen)
			Terrassen, ungegliedert (Niederterrassen bis Hauptterrassen)
	Tertiär	Pliozän	oberpliozäne bis altpleistozäne Sedimente des Urrhein-Systems
		Miozän	obermiozäne bis unterpliozäne Sedimente des Urrhein-Systems
			Bohnerztone
		Oligozän	Mainz-Gruppe, ungegliedert ("Kalktertiär")
			Selztal-Gruppe, ungegliedert ("Mergeltertiär")
			Alzey-Formation
Paläozoikum	Permokarbon	Rotliegend	Nahe-Subgruppe
			Obere Glan-Subgruppe
			Untere Glan-Subgruppe
			basische bis intermediäre Effusiva
			saure bis intermediäre Intrusiva
			intermediäre bis basische Intrusiva
			Schlotfüllungen
	Devon		Devon, ungegliedert
		Oberd.?	Metamorphe Zone am Hunsrücksüdrand
		Unterd.	Taunusquarzit und Darustwald-Schichten
			Hermeskeil-Schichten und Bunte Schiefer

——— Störung

- - - - Störung, vermutet und/oder unter Bedeckung

Einzelkorallen der Gattung *Balanophyllia* sp. (Abb. 67) sind heutzutage Belege für subtropische Verhältnisse. Sie waren zum damaligen Zeitpunkt im Mainzer Becken vielerorts verbreitet. Ebenso wie die massenhaft im Meeressand vorhandenen Schalen der Samtmuschel *Glycymeris* sp. Die Schalen heute lebender Formen können wir im Urlaub am Mittelmeer bspw. an den Stränden Spaniens sammeln. Ähnlich subtropische Wassertemperaturen hatte demnach wohl das Meer vor 30 Millionen Jahren im Mainzer Becken.

Die enorme Vielfalt an Meeresfossilien hier aufzuführen und zu charakterisieren, würde den Rahmen dieses Buches sprengen. Das Spektrum reicht von mikroskopisch kleinen Fossilien über die Fülle an Muscheln und Schnecken, von denen etwa 300 Arten allein an der Fundstelle der Trift bei Alzey-Weinheim nachgewiesen sind (Rothausen & Sonne 1977: 172), über weitere Tiergruppen wie Seepocken (Abb. 68), Seeigel und Seesterne, um nur einige weitere zu nennen, bis hin zu den fossilen Überresten und Zähnen unterschiedlicher Arten von Knochen- und Knorpelfischen (Haie und Rochen) sowie den Knochen von Seekühen. Eindrucksvoll sind dickschalige Austern, welche von unterschiedlichen weiteren Organismen besiedelt wurden. Neben den Exponaten in zahlreichen Museen, die am Ende des Buches aufgelistet sind, möchte ich auf die Ausstellung in der Paläontologischen Abteilung des Museums in Alzey hinweisen, in der das gesamte Spektrum der Lebewesen an der damaligen Küste präsentiert wird.

Spindelförmige Vertiefungen auf der Oberfläche von Rhyolith-Brandungsblöcken in der Kiesgrube am Steigerberg sind entstehungsbedingt für mich nicht allzu einfach zu erklären (Kuhn 2016). Diese Strukturen kann man am Ausgang der Station 2 des Strandpfades der Sinne auf einigen Rhyolith-Blöcken sehen (Abb. 70 und 160).

Aber auch Tiere und Pflanzen vom Festland der Küstenregion sind als Fossilien erhalten. Land-, Süßwasser- und Meeresschildkröten sind ebenso überliefert wie Krokodile. Landpflanzen sind dokumentiert in Form von Treibhölzern, bspw. Palmstamm-Abdrücken (Abb. 71), und vielfach als in barytischen Konkretionen (unter dem Begriff „Steinhardter Erbsen" bekannt) enthaltene Holzreste, Samen und Konife-

Haie im Mainzer Becken

Haizähne in den Weinbergen? Unvorstellbar! Wer zum ersten Mal nach Rheinhessen kommt, wird es kaum glauben, dass man in der Region zwischen Alzey und Bad Kreuznach fossile Haizähne finden kann. Aber es ist tatsächlich so (Abb. 69).

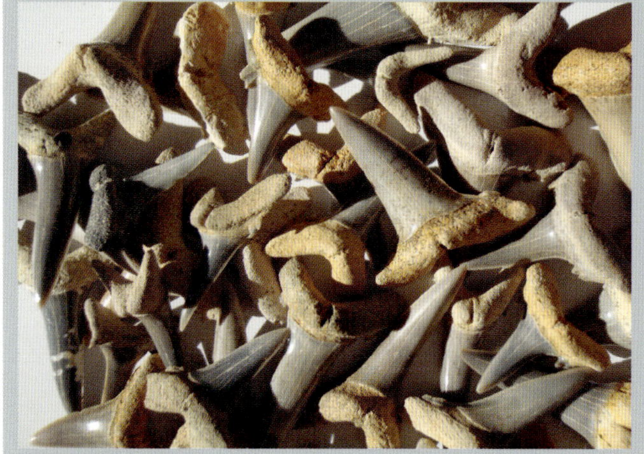

Abb. 69 Diverse Haizähne aus den Küstensedimenten des westlichen Mainzer Beckens

Haie sind Knorpelfische, d. h., ihr Skelett besteht aus Knorpel, der nur in den seltensten Fällen durch Einlagerung von Kalk versteinern kann. Ein Knorpelskelett hat allerdings den Vorteil, dass es leicht und v. a. biegsam ist. Dagegen sind die Haizähne so hart, dass ihre Zahnsubstanz über Jahrmillionen unverändert überdauern kann. Und deshalb kann man sie in den 30 Millionen Jahre alten Küstenablagerungen unserer Region finden.

Jede Hai-Art hat charakteristische Zähne, die sich jeweils auf ihr Beuteschema abgestimmt haben. Weil von fossilen Haien fast immer nur die Zähne erhalten bleiben, kann man im Vergleich dieser Zähne mit denen von heute lebenden Haien das Aussehen und die Lebensweise rekonstruieren. Haie sind seit etwa 370 Millionen Jahren bekannt und sie waren schon damals nahezu perfekt an ihren Lebensraum angepasst. Somit waren allzu große Veränderungen nur selten erforderlich.

ren-Zapfen (Abb. 72), teilweise in Form von Blattabdrücken und Pollen.

Küstenablagerungen sind im Oberrheingraben in deutlich geringerem Maß erhalten als im Mainzer Becken. Bei Birkweiler an der Südlichen Weinstraße habe ich vor wenigen Jahren noch einige Küstengerölle (Abb. 73) gefunden und im Neubaugebiet von Eschbach westlich von Landau letzte Haifischzähne. Viele der früheren Fundstellen sind inzwischen verschwunden, teils überbaut.

Abb. 70 Spindelförmige Vertiefungen auf Rhyolith-Brandungsblöcken des Steigerbergs. Länge der Vertiefungen zwischen 2 und 6 cm

Abb. 71 Abdruck eines Palmenstammes auf schwach verfestigtem Küstensand. Länge des Abdrucks etwa 1 m

Das Meeresbecken

Weitaus weniger Kenntnisse haben wir über die ökologischen Bedingungen der tonigen **Tiefwasser-Sedimente** des zentralen Mainzer Beckens. Ein wesentlicher Grund dafür ist, dass diese Sedimente inzwischen oftmals in größere Tiefen versenkt sind. Sie werden in der Gegenwart großflächig von jüngeren Sedimenten, bspw. von der Kalksteinabfolge der Mainz-Gruppe, früher als Kalktertiär bezeichnet, oder von eiszeitlichem Löss überlagert.

Bis vor einiger Zeit bezeichnete man diese tonigen Ablagerungen als **Rupelton**. Die aktuelle Bezeichnung lautet **Bodenheim-Formation** (Grimm et al. 2000: 359) (vgl. Tab. 1 S. 79). Es handelt sich um Tone mit einem mehr oder weniger geringen Kalkgehalt. Geologen nennen solche Sedimente Tonmergel.

Die damaligen Wassertiefen im Mainzer Becken schätze ich auf 150 bis 180 m. 200 m wurden vermutlich nicht überschritten. Charakteristische Foraminiferen belegen diese Einstufung. Ähnliche Wassertiefen können wir für den zentralen Oberrheingraben annehmen.

Die Schichtdicke der Bodenheim-Formation ist nicht einheitlich. Im Mittel kann man von etwa 70 m ausgehen, teilweise liegt sie deutlich höher. Wesentliche Informationen über die tonigen Beckensedimente stammen aus Bohrungen, die diese Schichten zum Zweck der Trinkwassererschließung aus den darunterliegenden Gesteinen des Rotliegend-Zeitalters durchteuft (durchbohrt) haben. Oder, anders ausgedrückt, die tonigen Sedimente der Bodenheim-Formation schützen die Trinkwasservorkommen in den Rotliegend-Sandsteinen vor dem Schadstoffeintrag von der Erdoberfläche. Im Mainzer Becken sind diese feinkörnigen Stillwasserablagerungen lediglich im Naturdenkmal Neumühle als Überlagerung der grobkörnigen Küstensedimente angeschnitten.

Abb. 72 Barytkonkretion („Steinhardter Erbse") mit einem fossilen Koniferen-Zapfen. Sand und Fossil sind infolge einer Verkittung der Zwischenräume mit Baryt verfestigt. Durchmesser der Kugel etwa 7 cm

Abb. 73 Verfestigte Buntsandstein- und Muschelkalkgerölle (Konglomerat) von der ehemaligen Küste bei Birkweiler. Länge des Stückes ca. 60 cm

Umweltrelevanter Wandel im Mainzer Becken

Nahezu unmerklich fanden anschließend Veränderungen im Meer des Mainzer Beckens statt. Der Untergrund des Beckens senkte sich mit dem Oberrheingraben kontinuierlich ab, sodass das Meer immer weiter auf das Festland übergreifen konnte. Andererseits machte sich allmählich der Zustrom von Süßwasser aus dem Festland bemerkbar und beeinflusste nach und nach die ökologischen Bedingungen im Mainzer Becken. Das Meerwasser wurde in zunehmenden Maße mit Süßwasser verdünnt. Geowissenschaftler sprechen von Verbrackung bzw. Brackwasser. Es handelt sich nicht um fauliges Wasser, wie man es häufig in der Umgangssprache versteht, sondern lediglich um verdünntes Meerwasser. Beispiele aus der Gegenwart sind die Ostsee oder das Schwarze Meer, in die große Flüsse einmünden.

Tone und Tonmergel

Tone und sandige Tonmergel (Abb. 74) sowie überlagernde Schleichsande werden in der Ziegeleigrube der Firma Jungk in Wöllstein (Juwö) zur Herstellung von hochmodernen Mauerziegeln gewonnen (Abb. 75). Grundsätzlich ist der Abbaubereich nicht für die Öffentlichkeit zugänglich, da sich auf dem Werksgelände Fahrzeuge wie Radlader, Lkw und Gabelstapler bewegen. Eine Begehung im Rahmen von Exkursionen ist unbedingt bei der Werksleitung zu erfragen.

Abb. 74 Tonmergel (Ton mit feinverteiltem Kalkanteil) und Feinsandzwischenlagen der Stadecken-Formation in der Ziegeleigrube Jungk in Wöllstein

Abb. 75 Abbaubereich und Werksgelände der Fa. Jungk in Wöllstein

Abb. 76 Spitzkegelschnecken Granulolabium *sp. auf Tonmergel der Sulzheim-Formation. Breite knapp 10 cm*

Der Alpen-Orogenese-Komplex im Süden Europas kam in diesem Zeitraum verstärkt unter Druck. Dabei wurden die Deckenstapel mitsamt ihren Gesteinsabfolgen herausgehoben, überschoben und gequetscht. Zusätzlich kamen sie in den Einflussbereich der Verwitterung und der Abtragung. Zuflüsse aus der Nordalpenregion der Schweiz brachten solche Sedimenteinträge über den Oberrheingraben ins Mainzer Becken. Zusätzlich gab es wohl auch Zuflüsse aus dem näheren Umland. Die Zusammensetzung der Tonmergel in weiten Teilen des Mainzer Beckens änderte sich ebenso wie die Umweltbedingungen im Meer. Zunehmend wurde Feinsand eingespült und unterbrach die Kompaktheit der rein tonigen Abfolge der unterlagernden Bodenheim-Formation. Es sind z. T. weißliche Feinsande mit einem charakteristischen Glimmeranteil. Bis in die Gegenwart haben diese Wechsellagen in den Sedimenten Auswirkungen auf die Standfestigkeit des Untergrundes. Bei Vernässung neigen sie in Hanglagen zu Instabilität und damit zu Rutschungen. Die meisten Hanglagen der Plateauberge im Mainzer Becken sind von Instabilität betroffen. Eindrucksvolle Beispiele sind der Südhang des Wißberges bei Gau-Bickelheim (Erläuterungstafeln im höheren Hangbereich), der Petersberg bei Gau-Odernheim (Erläuterungstafel nahe des Gipfels), die Ostseite des Kloppbergs bei Hochborn und der Bosenberg östlich von Bad Kreuznach. In unmittelbarer Nachbarschaft Rheinhessens ist das Zellertal, insbesondere das Umfeld der Ortsgemeinde Zell, ganz offensichtlich von Rutschungen betroffen. Viele Gebäude in Zell zeigen Risse infolge der Bewegungen im Untergrund. Schleichsand bzw. Schleichsand-Mergel nannte man diese berühmt-berüchtigten Bildungen noch vor wenigen Jahren. Aktuell haben sie die Bezeichnung **Stadecken-Formation** (Grimm et al 2000: 364) (vgl. Abb. 74 und Tab. 1 S. 79). Die Mächtigkeiten schwanken zwischen 35 und 130 m.

Die außergewöhnliche Vielfalt der Lebensräume an der Küste schwand mit den neuen Umweltbedingungen. Die Artenzahl nahm rapide ab, wobei die Sedimentation an den jeweiligen Küsten weitgehend unverändert blieb. Bei der Auswertung von Bohrungen wurde deutlich, dass der Wechsel von vollmarinen zu brackischen Verhältnissen nicht kontinuierlich verlief, sondern immer wieder von Meeresvorstößen unterbrochen wurde. Der Trend in Richtung Süßwasserverhältnisse ist dennoch ersichtlich. Charakteristische Fossilien sind Schalen der Samtmuschel (*Glycymeris planicostalis*), Schalenreste der Schinkenmuschel (*Hippochaeta*, früher: *Perna sandbergeri*) in Perlmutt-Erhaltung, die auch als Fragmente in Weinbergen identifizierbar sind, sowie kleine Spitzkegelschnecken (*Granulolabium papillatum*) (Abb. 76) und kleine, dünnschalige Austern.

Abb. 77 Poröser Kalkstein mit Abdrücken von Brackwasserschnecken und -muscheln der Roßloch-Bank (früher Cyrenenkalk). Breite 15 cm

Abb. 78 Einer der zahlreichen Naturwerksteine, die vielfach im Sockel des Alzeyer Schlosses verbaut sind, zusammengesetzt aus massenhaften Spitzkegelschnecken der Roßloch-Bank

Aber auch an den Küsten ist der Wandel spürbar. Auch hier ging die biologische Vielfalt zugunsten von einigen Spezialisten, die problemlos mit den brackischen Umweltbedingungen umgehen konnten, zurück. **Oberen Meeressand** nannte man bisher solche Sedimente. Derzeit bezeichnet man sie als den **jüngeren Teil der Alzey-Formation**.

Das Resultat des umweltbedingten Wandels ist eine artenärmere Vergesellschaftung in der Vielfalt der ökologischen Verhältnisse. Im Rahmen geologischer Untersuchungen im Gelände und bei Bohrungen trifft man in den Sedimenten vielfach keine Fossilien an, die mit bloßem Auge erkennbar wären. Dann muss man Sedimentproben nehmen und sie auf Mikrofossilien wie Foraminiferen (Amöben mit „Gehäuse“) und Ostracoden (Muschelkrebschen) untersuchen, die in kalkhaltigen Sedimenten in großer Anzahl im Sediment vorhanden sind. Im Mikroskop fallen auch die deutlich geringere Artenvielfalt und die deutlich geringere Größe auf als die derjenigen aus dem Unteren Meeressand. Allerdings kommen nun umgelagerte Formen aus der Kreidezeit und dem frühen Tertiär ins Spiel, die damals mit den Feinsanden aus den Schweizer Alpen ins Mainzer Becken gelangt sind. Sie sind Belege für die Stadecken-Formation bzw. für den jüngeren Teil der Alzey-Formation.

Die nächstjüngere Gesteinseinheit wurde in der Vergangenheit vielfach als **„Cyrenenmergel“** bezeichnet, benannt nach einer kleinen charakteristischen Muschel, deren Lebensraum das Brackwasser war. Ihr wissenschaftlicher Name war damals *Cyrena convexa* (Brogniart 1823). Jedoch erkannten Geologen allmählich, dass brackische Sedimente mit „Cyrena“ nicht grundsätzlich in derselben Zeit (synchron) entstanden waren. So wurden im Südwesten Deutschlands Fossilien von *Cyrena convexa* in unterschiedlich alten Sedimenten nachgewiesen. Neuesten Erkenntnissen zufolge hat diese Muschelart auch die Bezeichnung *Polymesoda subarata subarata* (Schlotheim 1820) (Abb. 77). In Geologenkreisen hat man beschlossen, den alten Namen *Cyrenenmergel* aufzugeben und mit regionalen Bezeichnungen zu aktualisieren. Nach der aktuellen Nomenklatur heißt diese Gesteinsabfolge in Rheinhessen nun **Sulzheim-Formation** (Grimm et al. 2000: 373; vgl. Tab. 1 S. 79).

Die Sedimente bestehen aus einer Wechsellagerung von grünlichgrauen Tonmergeln und glimmerreichen Feinsanden. Vereinzelt treten dunkelgraue Sedimente mit Braunkohlebändern auf. Es sind Nachweise für kurzzeitige Süßwasserbildungen innerhalb der brackischen Abfolge. Häufig kann man die Sulzheim-Formation in den tieferen bis in die mittleren Hanglagen der Plateau-Hügel anhand der charakteristischen kleinen Muschel identifizieren. Die Abfolge hat eine Mächtigkeit von 10 bis 20 m, vereinzelt kann sie 30 m erreichen (Schäfer 2012: 61).
Im Westen von Alzey entstand in diesem Zeitraum eine besondere, küstennahe kalkige Bildung des Cyrenenmergels (Sulzheim-Formation), die als **Cyrenenkalk** (**heute Roßloch-Bank**) bezeichnet wurde (Abb. 77). Wenige Meter westlich des Mitfahrer-Parkplatzes an der A 63 bestand bis in die 70er-Jahre des letzten Jahrhunderts der Steinbruch „Am Roßloch“ (Rothausen & Sonne 1977: 180). Hier, möglicherweise aber auch in heute unbekannten Abbaustellen zwischen dem Roßloch und Heimersheim, wurden poröse fossilführende Kalke gewonnen, die am Alzeyer Schloss (Abb. 78) wie auch in den Sockeln älterer Häuser in Alzey, vereinzelt auch in Framersheim und v. a. in Häusern und Mauern in Alzey-Heimersheim verbaut wurden. Die ursprünglichen Schalen der Muscheln und Spitzkegelschnecken sind weggelöst, sodass lediglich noch die Abdrücke im umgebenden Kalkstein erhalten sind.
Der Trend von den vollmarinen Umweltbedingungen der Alzey-Formation hin zu Verhältnissen des Süßwassers und damit des Festlandes gipfelt in den Sedimenten der im Folgenden zu schildernden Jakobsberg-Formation (Schäfer 2012: 66), die man bis vor wenigen Jahren als Süßwasserschichten bezeichnet hat.

Die Festlandsphase

Die **Jakobsberg-Formation** zeichnet sich im Wesentlichen aus als graue bis olivgraue Tonmergel, die sowohl in dünnlagige Kalkbänkchen, kohlige Lagen wie auch in feinsandige Sedimente übergehen können. Die Abfolge hat eine Dicke von etwa 68 m im Norden und etwas mehr als 23 m im Süden des Mainzer Beckens (Schäfer 2012: 67).
Charakteristische Fossilien sind in der Umgangssprache als „Schwalbennester“ bezeichnete Formen (vgl. Abb. 115). Man kann sie in den höheren Hanglagen des Wißberges bei Gau-Bickelheim und besonders in den Weinbergen südlich von Vendersheim (Grimm et al. 2000: Vendersheim-Bank) finden. Geologen sprechen von Onkoiden. In diesem Fall handelt es sich um Kalk-Umkrustungen von Teichmuschel-Schalen vorwiegend durch Cyanobakterien, die häufig auch als Blau-Grün-Algen bezeichnet werden.
Mit der Ablagerung der Jakobsberg-Formation nahm der erste Meereszyklus im Mainzer Becken ein Ende. Jedoch zog sich das Meer nicht zurück, wie man sich die Abläufe vielfach vorstellte. Die Meeresbecken wurden mit Sedimenten aufgefüllt und wurden somit Festland. Das Meer verlandete. In zahlreichen Regionen des Mainzer Beckens setzte zunehmend Verwitterung und Abtragung bis tief in den Untergrund ein.

Das Miozän-Zeitalter

Die Lagune

Allerdings war nach einiger Zeit (aus geologischer Sicht) das Meer wieder da. Aber nun nicht mehr wie zuvor. Vor etwa 24 Millionen Jahren entstanden vorwiegend kalkige Sedimente in lichtdurchfluteten Flachmeerzonen unter subtropischen Tempe-

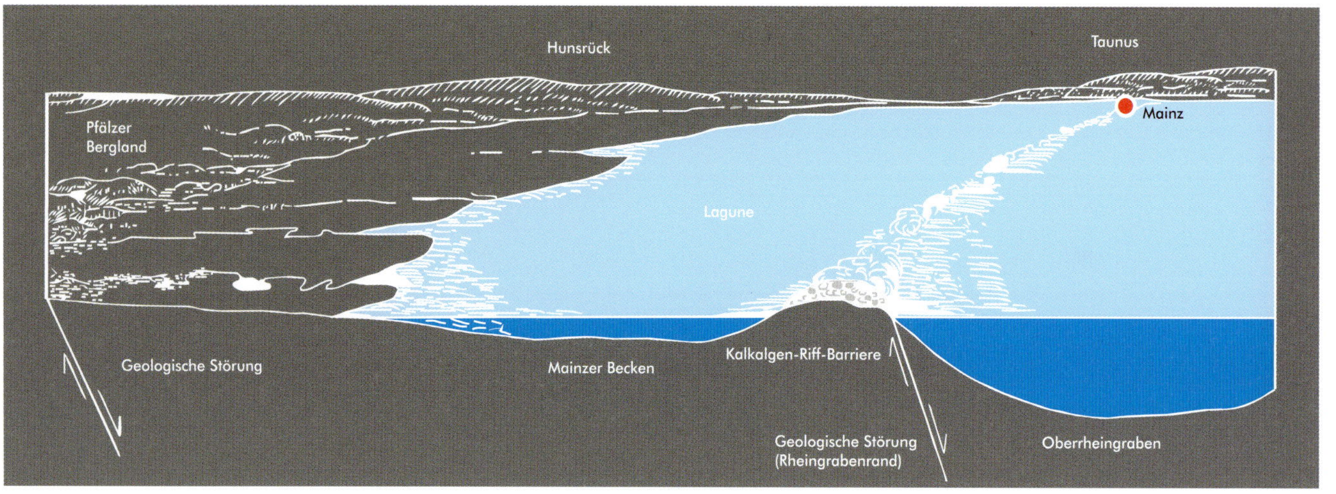

Abb. 79 Das Mainzer Becken als Lagune im Übergangsbereich Oligozän/Miozän vor etwa 23 Millionen Jahren. Grafik aus Schäfer 2012

raturen (Abb. 79). Wir hätten uns möglicherweise gefühlt wie in Nordflorida. Oder wie in einigen Regionen in Südostasien. Aber nicht unbedingt wie in Rheinhessen. Bisher bezeichnete man diese Abfolge als **Kalktertiär**. In der neuen Gliederung spricht man von der **Mainz-Gruppe** (vgl. Tab. 1 S. 79).

Der zweite Meereszyklus begann allerdings zuerst noch mit Tonmergeln der **„Unteren Cerithienschichten"**, in der neuen Nomenklatur als **Weisenau-Formation** (Schäfer 2012: 68) bezeichnet, die die Rückkehr des Meeres belegen. Diese Einheit passt aber nicht unbedingt zu der Abfolge des „Kalktertiärs", welches schwerpunktmäßig von Wechsellagen aus Kalksteinen, Kalkmergeln und Tonmergeln geprägt ist. Daher wird die Weisenau-Formation entsprechend der Gesteinsausbildung noch der Selztal-Gruppe (früher Mergeltertiär) zugeordnet. Es ist vorstellbar, dass zu Beginn der neuen Überflutung verstärkt Tonminerale aus den verwitterten Festlandbereichen des Mainzer Beckens ins Flachmeer gespült wurden. So könnte man sich die Bildung von Tonmergeln in der Weisenau-Formation erklären, die jedoch bald in die grundsätzlich kalkige Abfolge des zweiten Meereszyklus übergingen. Insbesondere Mikrofossilien wie Muschelkrebse (*Ostracoden*) und Lochkammertierchen (*Foraminiferen*), die nach einer Aufbereitung der Sedimente unter dem Mikroskop identifiziert werden können, belegen die Rückkehr des Meeres in Rheinhessen. Im Gelände sind die Sedimente der Weisenau-Formation kaum von denen der Jakobsberg-Formation zu unterscheiden. Daher wurden sie über längere Zeit hinweg nicht erkannt.

Abb. 80 Oolith, ein typischer Flachwasserkalk aus der der Lagune des Mainzer Beckens

Das Flachmeer des Mainzer Beckens

Die Ablagerungen kalkiger Sedimente im Flachmeer des Mainzer Beckens beginnen mit der **Hochheim-Formation** (die bisherige Bezeichnung war **Mittlere Cerithienschichten/Landschneckenkalk**) (vgl. Abb. 84 und Tab. 1 S. 79). Aber wie wurden diese neuen Prozesse in Gang gesetzt? Die Kalksteinbildung begann mit der Ausflockung von winzigen Kalkkristallen aus dem flachen, warmen Meerwasser. Sie bildeten sich als Kalkschlamm am Mee-

Abb. 81 *Charakteristische Kalksteinabfolge des Muschelkalk-Zeitalters bei Gleiszellen-Gleishorbach an der Südlichen Weinstraße*

Abb. 82 *Typische Kalksteinabfolge des Tertiär-Zeitalters bei Göllheim im südlichen Mainzer Becken*

resboden. Vielfach wurden winzige Kristallisationskeime wie Sandkörnchen oder zerkleinerte Schalenbruchstücke im bewegten Meerwasser von dünnen Kalküberzügen umhüllt. Sie erinnern an Zwiebelschalen oder winzige Eierschalen. Geologen nennen sie Ooide und das Gestein, aus dem sie bestehen, Oolith („Ei-Stein“). Sie können ganze Kalkbänke bilden (Abb. 80). Mit der Überlagerung von weiteren Ausfällungen verdichteten sich diese Lagen. Kalksteinbänke wechselten zwischen Kalkmergel- und Tonmergel-Lagen. Gleichzeitig entstanden massige Algenriffe aufgrund der Fotosynthese von Kalkalgen. Geologen sprechen von einer **Pseudoriff-Fazies** (Schäfer 2012: 73).

Stellen Sie sich eine Lagune vor mit warmen subtropischen Temperaturen (Abb. 79). Blauer Himmel, sanfte Brise, lichtdurchflutetes Meer und weißer Kalksand. Wir sind mitten in Rheinhessen, vor etwa 24 Millionen Jahren.

Steinbrüche und Geländearbeiten

Steinbrüche, Sand- und Kiesgruben werden in der Gegenwart oftmals als Wunden in der Landschaft bezeichnet. Bis in die 50er- und 60er-Jahre des letzten Jahrhunderts waren sie für einen Teil der Bevölkerung ein überlebensnotwendiger Broterwerb und wenig später Basis des folgenden „Wirtschaftswunders“, von dem wir heute noch profitieren. Um Gesteinsabfolgen zu verstehen, sind sie für Geologen von enormer Wichtigkeit. Sie sind ein Fenster in die Erdgeschichte. Dreidimensional liegen in den Betriebsflächen die ungestörten Gesteinsabfolgen offen.

Neben der Rohstoffgewinnung entsteht hier bereits mit der Einrichtung der Flächen ein unersetzliches Refugium für bedrohte Arten, die ansonsten in der Region keine Alternative finden würden. Nach der Nutzung für die Rohstoffgewinnung stellen diese Areale potenziell hochwertige Biotope dar. Man denke bspw. nur an Steilwände als Vogelbrutstätten, vegetationsfreie Sandflächen oder große Wasserflächen als Lebensraum für bedrohte Arten. Einige Naturschutzorganisationen haben die Chance inzwischen erkannt.

Alternativ gewinnen Geologen Informationen aus Bohrungen. Allerdings werden Rohstoffgewinnungsflächen in Zukunft immer seltener eine Genehmigung erhalten. In zunehmendem Maß bleiben Geologischen Diensten und Ingenieurbüros nur Daten aus Archiven, welche am Schreibtisch in digitalisierter Form als Basis für die Bewertungen der Untergrundverhältnisse dienen müssen. Digitale Modellierungen ermöglichen jedoch inzwischen fantastische Darstellungen und Analysen. Sie können aber nur so gut sein, wie die Daten, die im Gelände erhoben werden – nur sie bilden eine realistische Basis.

Abb. 83 Kalkkrustenbildung als Hinweis auf zeitweiliges Trockenfallen einiger Regionen des Mainzer Beckens

Abb. 84 Landschnecke, eingespült in die Lagune des Mainzer Beckens vor etwa 24 Millionen Jahren

Bei etwas trockenerem Klima gab es nur geringe Einträge vom Festland ins Meer. Am Meeresboden entstanden vielfach Kalksteine. Teilweise auch Gips und vereinzelt Salzausfällungen.

Doch schauen wir uns nun die weitere Entwicklung in der Lagune des Mainzer Beckens an. In den rheinhessischen Weinbergen ist es schwierig, die vorhandenen Kalksteine bestimmten Einheiten zuzuordnen. Rings um die Weinstöcke findet man vielfach sog. Lesesteine, die jedoch beim Rigolen (Tiefpflügen) durchmischt wurden und teilweise Fossilien wie Muschelschalen oder Schneckengehäuse enthalten.

In diesem Fall ist jedoch eines klar: Es handelt sich **auf keinen Fall um Muschelkalk** (vgl. Abb. 81)! Denn diese Kalke sind häufig graubraun und in der Muschelkalk-Zeit vor etwa 235 Millionen Jahren entstanden (Abb. 81). Die Kalke in Rheinhessen hingegen sind vielfach weißlich, hellgrau, oder auch gelblich-braun (Abb. 82). Sie entstanden vor etwa 24 bis rund 18 Millionen Jahren im Tertiär-Zeitalter.

Nahe der Abbruchkante zum Oberrheingraben, die heute als Geländestufe in der Region zwischen Mainz und Worms ausgeprägt ist, ist die Algenriffbildung schwerpunktmäßig verbreitet. Zum zentralen Mainzer Becken hin bestehen Kalkbänke aus zerkleinertem Algenriffschutt, jeweils unterbrochen von Mergelkalksteinen und Mergeltonen. Vereinzelt treten Lagen mit Austrocknungskrusten (Caliche-Bildungen) (Abb. 83) sowie Schichten mit Wurzelresten auf (Abb. 85). Nach der derzeitigen Vorstellung bestand damals ein Binnenmeer unter trockenen Klimaverhältnissen. Sporadisch spülten episodische Niederschläge Landschneckengehäuse ins Flachmeer. Etwa 100 Arten von Landschnecken konnten in diesen Sedimenten nachgewiesen werden. Darauf beruht die frühere Bezeichnung „Landschneckenkalk" (Abb. 84). Die **Hochheim-Formation** ist definiert mit dem ersten Vorkommen von Kalkalgenresten (Blumenkohl-Strukturen) und endet mit dem letzten Vorkommen von Landschnecken mit Verschlussdeckeln der Gehäuse (*Pomatias moguntinus*) in den kalkigen Sedimenten. Dies belegt vermutlich das Ende einer Trockenphase.

Die Stapeldicke der Hochheim-Formation ist sehr unterschiedlich. Bei Mainz Weisenau beträgt sie 6 bis 7 m, im Südwesten bei Lautersheim 14,7 m.

Im Gelände ist die **Budenheim-Formation** (früher **Milchquarzschotter**) (vgl. Tab. 1 S. 79) ein charakteristisches Vorkommen von weißen Quarzgeröllen und -sanden im mittleren bis höheren Hangbereich der Plateauberge in Rheinhessen. Selbst in den Weinbergen ist dieser Bereich mit reinweißen Geröllchen, welche Geologen als Milchquarze bezeichnen, deutlich erkennbar.

Nach Schäfer (2012: 78 f.) handelt es sich um kalkfreie, sand- und kiesreiche Sedimente mit eckigen bis kantengerundeten Milchquarzen. Sie wurden als Verwitterungsreste von Hunsrück und Taunus aus nördlichen Richtungen ins Meer transportiert. Daher kommen sie schwerpunktmäßig in den nördlichen Regionen des Mainzer Beckens vor. Die Sedimente der Budenheim-Formation beginnen als randliche Schüttungen bereits in der Hochheim-Formation und können bis in die Rüssingen-Formation (s. u.) anhalten. Die Schichtdicke ist sehr unterschiedlich. Sie beträgt bei Wiesbaden mehr als

Abb. 85 Steinbruch am Dachsberg bei Göllheim. In der Bildmitte sind ehemalige Wurzelbahnen (rostfarbene Tüpfelchen im Sediment) zu erkennen

30 m, bei Budenheim noch knapp 25 m und bei Heidesheim lediglich noch 2,5 m.

Über der Hochheim-Formation folgt die **Oppenheim-Formation** (früher bezeichnet als **Obere Cerithienschichten, unterer Teil**) (vgl. Tab. 1 S. 79). Sie zeichnen sich als helle, meist gut geschichtete Kalksteine und Kalkmergelsteine aus mit dunklen, oftmals graugrünen Mergel-Zwischenlagen. Im nördlichen Mainzer Becken sind es vielfach Ablagerungen des bewegten Flachmeeres bis hin zu Sturmlagen. Im alten, inzwischen verbuschten Steinbruch bei Dexheim hingegen belegen graubraune bis schwarzgraue Mergel Umweltbedingungen des Stillwasserbereichs ohne wesentliche Wasserbewegung. Ansonsten sind weiterhin Caliche-Bildungen und Schichten mit Wurzelspuren an einzelnen Stellen die Hinweise für mehrfache Heraushebungen aus dem Meer (Abb. 85). Bisher ist eine Zuordnung zu bestimmten Pflanzen der Küstenregion noch nicht möglich. Grundsätzlich nahm aber die Artenvielfalt im Flachwasser zu. Nach aktuellen Erkenntnissen handelte es sich um ein Binnenmeer, dessen Umweltbedingungen von Klimaschwankungen beeinflusst war. Trockenphasen erhöhten die Salzkonzentration in der Lagune. Höhere Niederschläge brachten zunehmend Süßwasser ins Flachwasser. Einige Kalkbänke bestehen fast ausschließlich aus dicht gelagerten Schalen großer Schinkenmuscheln. Das Ende der Oppenheim-Formation ist charakterisiert mit dem letzten Vorkommen der Schinkenmuschel *Isognomon oblongus*.

Die Schichtdicken liegen bei etwa 4 m am Jakobsberg, bei 6 bis 8 m bei Göllheim/Rüssingen, bei 12 bis 14 m in Weisenau und bei 20 m bei Hochheim/Flörsheim.

Über der Oppenheim-Formation folgt die **Oberrad-Formation** (bisherige Bezeichnung: **Obere Cerithienschichten, oberer Teil**) (vgl. Tab. 1 S. 79). Im Süden des Mainzer Beckens wurden hell- bis weißgraue, fein- bis grobkörnige Kalksteine und Mergelkalksteine abgelagert mit zwischengelagerten bunten (dunkelgrau, graugrün oder hellbraun) Mergeln und Tonmergel sowie Schalen-Ansammlungen

Abb. 86 Gesteinsbildende Wattschnecken (Hydrobien) in einem Kalkstein der Wiesbaden-Formation (früher Untere Hydrobienschichten)

Abb. 87 Die Wattschnecke Hydrobia inflata *ist ein Leitfossil (Fossil, das die Zuordnung des umgebenden Sediments zu einem bestimmten Zeitabschnitt belegt) für die Rüssingen-Formation (früher Inflata-Schichten)*

von Muscheln und Schnecken, darunter Spitzkegelschnecken und auch stecknadelgroße Gehäuse von kegelförmigen Wattschnecken (Hydrobien) (Abb. 86). Typisch sind Kalkbänke, die lagenweise hauptsächlich aus Schalen von Körbchenmuscheln bestehen. Im Nordwesten der Region entstanden stärker tonig-mergelige Sedimente mit einzelnen Kalksteinbänken. Vereinzelt bildeten sich kleinere Kalkalgenriffe. Die Artenvielfalt war gering. Es waren überwiegend Formen, die an das Brackwasser angepasst waren. Lagenweise sind Fossilien in den kalkigen Sedimenten enthalten, die Süßwasser-Verhältnisse bevorzugten.

Die Oberrad-Formation beginnt nach dem endgültigen Aussetzen der Schinkenmuschel *Isognomon oblongus* und endet mit dem ersten Vorkommen der Wattschnecke *Hydrobia inflata*. Die Mächtigkeit (Dicke) der Abfolge beträgt im Raum Mainz nahezu 30 m, im Süden des Mainzer Beckens lediglich

Abb. 88 Schalen der Körbchenmuschel Corbicula *bei Niedrigwasser im Rhein*

7 bis 8 m. Die darüber folgenden Sedimente der **Rüssingen-Formation** (die bisherige Bezeichnung war **Corbicula-Schichten** bzw. **Inflata-Schichten**) (vgl. Tab. 1 S. 79) kann oftmals aufgrund der häufig im Sediment enthaltenen, mit bloßem Auge erkennbaren charakteristischen Gehäuse einer speziellen Wattschneckenart identifiziert werden: Das Leitfossil ist die Wattschnecke *Hydrobia inflata*, deren letzte Gehäusewindung deutlich erweitert ist (Abb. 87). Die Gesteinsabfolge besteht aus hellen, gelblichgrauen fein- bis grobkörnigen Kalksteinen mit dünnen grünlichgrauen bis braunen Ton- und Tonmergel-Zwischenlagen. Die bisher vorkommenden großen Spitzkegelschnecken verschwanden fast vollständig. Dies ist ein Hinweis auf die weiter anhaltende ökologische Tendenz in Richtung Süßwasser, die aber gelegentlich von vereinzelten Brackwasser-Rückschlägen unterbrochen wurde.

Teilweise enthalten die Kalkbänke in der Gesteinsabfolge zusammengespülte Wattschnecken-Gehäuse, vereinzelt Wurzelabdrücke und Trockenkrusten. Im Ablagerungsraum der Lagune wird die geschichtete Abfolge mitunter von massigen, oftmals kavernösen Algenkalkriffen unterbrochen.

Eine charakteristische Lage im mittleren Bereich der Kalksteinabfolge ist ein Massenvorkommen von Schalen der Körbchenmuschel *Falsocorbicula faujasii*. Diese Schicht ist im Mainzer Becken ein sog. Leithorizont für die Rüssingen-Formation. Vergleichbare Zusammenspülungen von heute lebenden Arten der Körbchenmuscheln finden wir bei einem Spaziergang am Kiesstrand des Rheins. Diese Muscheln wurden vor einigen Jahren mit Schiffen in den Rhein eingeschleppt. Sie sind tolerant für Süß- und Brackwasser-Umweltbedingungen. Niedrigwasser in Verbindung mit höheren Sommertemperaturen bedingen einen geringeren Sauerstoff-Gehalt im Rheinwasser und damit in hohem Maß das Sterben dieser Muscheln (Abb. 88). Die Obergrenze der Rüssingen-Formation zur darüber folgenden Wiesbaden-Formation ist durch das Verschwinden von *Hydrobia inflata* gekennzeichnet. Fossilien von Fischen während dieser Phase könnten Belege für eine Meeresverbindung über den Oberrhein- und Rhone-Bresse-Graben mit dem Ur-Mittelmeer im Süden sein (Schäfer 2012: 89).

Die Schichtdicke (Mächtigkeit) der Rüssingen-Formation beträgt mehr als 40 m westlich von Mainz. Im nahe gelegenen Raum Oppenheim, der in der damaligen Lagune eine Hochlage bildete, sind es lediglich noch 9 m.

Sobald in der Kalksteinabfolge keine Gehäuse von *Hydrobia inflata* mehr nachweisbar sind, haben die Sedimente der **Wiesbaden-Formation** (die frühere Bezeichnung ist **Untere Hydrobienschichten**) (vgl. Tab. 1 S. 86) während dieser Flachmeerphase eingesetzt. Nun sind in den Sedimenten nur noch massenhaft auftretende schlanke Wattschneckengehäuse (Abb. 86) sowie Gehäuse von Wasser- und Landschnecken, Dreiecksmuscheln und vereinzelt Spitzkegelschnecken vorhanden. Außerdem sind fossile Säugetiere (u. a. Otter, Biber, Maulwürfe, Schweine, Tapire Nashörner, Igel), Schildkröten, Schlangen und Krokodile, Amphibien und Vögel (u. a. Flamingos, Pelikane, Enten, Schwäne) sowie Insekten nachgewiesen. Diese vielfältigen Fossilienfunde ermöglichen eine differenzierte Rekonstruktion der festländischen Ökosysteme zu dieser Zeit: „... wo im gewässernahen Bereich eine Zonationsbiozönose mit Schilf-, Riedgras- und Ufergebüschgürtel, anschließend Niederwald, feuchtem Niederungshochwald, trockenem Koniferenhochwald in etwas höheren Lagen erkennbar wird sowie einem trockeneren, steppen- oder savannenartigen Hinterland“ (Rothausen & Sonne 1984: 58). Der Trend in der Lagune in Richtung Süßwasser setzte sich weiter fort. Für diese Entwicklung sprechen die Fossilien.

In vielen Regionen des Mainzer Beckens ist der höhere Teil der Wiesbaden-Formation bereits wieder abgetragen. Sie sind geprägt von einer Wechselfolge aus überwiegend weißgrauen bis hell-bräunlichen Kalk- und Dolomitsteinen mit Zwischenlagen von braunen bis olivgrünen Tonmergeln und Mergeln. In nördlichen Bereichen des Mainzer Beckens treten an der Basis der Formation dunkle Tonmergel mit Feinsandlagen auf. Unterbrochen werden sie häufig von Algenkalksteinen.

Im Mainzer Becken ist die darüber folgende **Frankfurt-Formation** (die bisherige Bezeichnung lautet **Obere Hydrobienschichten**) (vgl. Tab. 1 S. 79) bisher lediglich mit einzelnen Relikten belegt. Die Abfolge ist vorwiegend im Hanauer Becken nachgewiesen. Möglicherweise ging damit der zweite Meereszyklus im Mainzer Becken in einem Zeitintervall von etwa 20,5 bis rund 16 Millionen Jahren endgültig zu Ende. Eventuell hat sich die Meeresphase im benachbarten Hanauer Becken bis vor etwa 15 Millionen Jahren fortgesetzt.

Unmittelbar nach der Verlandung setzten Verwitterung und Abtragung den Gesteinen an der Erdoberfläche zu. Der Kreislauf der Gesteine machte sich erneut im Mainzer Becken bemerkbar. Festländische Umweltbedingungen prägten nun das Mainzer Becken.

Die Festlandsphase bis in die Gegenwart

Das Festland-Klima war auch nach der Meeresphase nach wie vor subtropisch warm. Rheinhessen war damals wohl eine wenig strukturierte Landschaft mit Savannen, Galeriewäldern und feuchteren Fluss- und Seen-Landschaften. Seitdem ist es ganz allmählich kühler geworden. Damals wie heute nehmen Niederschläge CO_2 aus der Atmosphäre auf und bilden Kohlensäure nach der chemischen Formel $H_2O + CO_2 \rightarrow H_2CO_3$. Beim Versickern reagiert H_2CO_3 mit den oberflächennahen Kalksteinen ($CaCO_3$) und löst sie von deren Oberfläche her nach und nach auf.

Verwitterung und Abtragung waren nun die wesentlichen Faktoren in der Oberflächengestaltung der Region Rheinhessen. Dabei wurden Befunde aus dem Zeitabschnitt von vermutlich 20 Millionen bis etwa 10 Millionen Jahren weitgehend zerstört. Ein Rückblick auf die Entwicklung der Landschaft in diesem Zeitrahmen ist enorm erschwert.

Bohnerze sind Zeitzeugen dieser Epoche. Sie sind wohl aus der Kalksteinverwitterung entstanden (vgl. Abb. 169). Löst man im Labor Kalksteine aus dem Mainzer Becken mittels Säure auf, bleiben fast immer nur noch Ton, Sand und winzige Partikel von eisenhaltigen Bestandteilen übrig. In der Festlands-

Bohnerze

Bohnerze in Rheinhessen wurden vielfach im 19. und Anfang des 20. Jhs. abgebaut. Im südlichen Rheinhessen wurden sie mit Fuhrwerken zum Eisenhüttenwerk der Industriellenfamilie von Gienanth nach Eisenberg im heutigen Donnersbergkreis transportiert und dort verhüttet (vgl. den BohnErzWeg auf S. 158). Die heutigen Bohnerz-Vorkommen sind meist nur noch die Reste aus den früheren Abbaugebieten.

Abb. 89 Bohnerze, wie man sie auf den Plateaus in Rheinhessen vielerorts noch finden kann. Durchmesser meist zwischen 1 und 3 cm

phase nach der Meeresbedeckung wurden solche Bestandteile in Mulden zusammengespült. Daraus entstanden Bohnerz-Tone und Bohnerze. Zuweilen auch Bohnerz-Kalke. In den Bohnerz-Tonen bildeten sich die Bohnerze durch Mineral-Anreicherungen aus Brauneisen ($Fe_2O_3 \cdot H_2O$) in Form von sog. Konkretionen mit schaligem Aufbau (Abb. 89). Eine Analyse des Landesamtes für Geologie und Bergbau in Mainz von 1996 ergab Eisengehalte von etwa 32 % und 3,7 % Manganoxid. Möglicherweise waren auch Flüsse und Bäche aus der Umrandung des Mainzer Beckens beteiligt, die im Wasser gelöstes Eisen mit sich führten, das beim Kontakt mit kalkhaltigen Wässern ausgefallen ist. Belege dafür stehen allerdings immer noch aus.

In den Bohnerz-Bildungen wurden bisher keine Fossilien gefunden, die eine genaue Altersbestimmung ermöglicht hätten. Daher könnten sie in einem Zeitraum zwischen etwa 20 Millionen Jahren bis etwa 5 Millionen Jahren entstanden sein. Die genauen Abläufe hat die Wissenschaft bislang noch nicht ergründet. Theodor Tecklenburg verfasste bereits 1881 eine Publikation über die Bohnerze in Rheinhessen. Eine weitere umfangreiche Untersuchung über die Bohnerze in Rheinhessen stammt von Joachim Bartz aus dem Jahr 1940 mit Kartendarstellungen der Vorkommen.

Der Ur-Rhein

In einem breiten Band zwischen Worms und Bingen treffen wir an mehreren Stellen der Westplateaus auf Sandgruben. Darin kommen gelbe, beige bis hellgraue Sande unterschiedlicher Korngröße zutage (Abb. 90). Oftmals kann man an den Steil-

wänden der Sandgruben schräge Schichtungen mit Kiesbändern erkennen. Sie werden wiederum von anderen gekappt, die einen anderen Neigungswinkel aufweisen. Schrägschichtungskörper nennen Geologen solche Gebilde. Vereinzelt sind auch Tonlinsen und -lagen zu beobachten. Diese Sandgruben mitsamt den darin enthaltenen Strukturen sind Hinweise für ein Flusssystem.

Es gibt zwei unterschiedliche Flusssysteme: den mäandrierenden Fluss mit ausladenden Schlingen oder das System der rasch wechselnden verflochtenen Wasserläufe, die man im geologischen Sprachgebrauch als Braided-River-System bezeichnet (Abb. 92). Welches Flusssystem hat den Ur-Rhein in Rheinhessen geprägt? Möglicherweise beide. Die zahlreichen, häufig wechselnden Schrägschichtungskörper in den Sandgruben sind Hinweise auf ein verflochtenes Flusssystem; in anderen Gruben scheinen großräumige Schrägschichtungskörper auf weitgespannte Mäander hinzuweisen. Die Flusssedimente überlagern verschieden alte Kalksteine der Mainz-Gruppe (Kalktertiär). Teilweise liegen sie auch auf älteren Sedimenten der Selztal-Gruppe (Mergeltertiär). Das sind Hinweise für intensive Verwitterung und Abtragung im Zeitraum zwischen

Abb. 90 Sande und Kiese des Ur-Rheins (Eppelsheim-Formation), wie man sie in Sandgruben auf der Linie zwischen Worms und Bingen finden kann. Bildbreite ca. 6 m

dem Ende der Flachmeerphase vor etwa 20 Millionen Jahren und der Ablagerung der Ur-Rhein-Sedimente. Selten trifft man die Flusssande im Gelände außerhalb von Sandgruben an, weil sie in den meisten Fällen von eiszeitlichem Löss überdeckt werden. In den vorhandenen Sandgruben sind wir am Ur-Rhein angelangt, der vor etwa 10 Millionen Jahren seinen Lauf von Worms in Richtung Bingen quer durch das damalige Rheinhessen fand (Abb. 91). Ähnlich wie der Verlauf der heutigen A 61. Sie verläuft im Tal, während die Sedimente des Ur-Rheins in gleicher Richtung ausschließlich auf höheren Lagen erhalten sind. Ur-Rhein-Ablagerungen oben auf den Hügeln? Flüsse suchen sich doch immer die tiefsten und widerstandsärmsten Stellen einer Landschaft. Die einzige Antwort darauf ist die Tatsache, dass damals, vor rund 10 Millionen Jahren, die heutigen Täler noch gar nicht existiert haben. Sondern dort, wo wir heute die Ur-Rhein-Sedimente finden, die damals tiefsten Regionen in Rheinhessen ausgeprägt waren. **Dinotherien-Sande** hat man diese Flusssedimente nach Knochenfunden lange Zeit genannt. Aktuell haben die Sedimente die Bezeichnung **Eppelsheim-Formation** (vgl. Tab. 1 S. 79) nach dem ersten Fundort der Dinotherien-Fossilien.

Der Ur-Rhein von damals ist nicht mit dem heutigen Rhein vergleichbar. Er hatte eher ähnliche Ausmaße wie die Nahe in der Gegenwart. Bei Eppelsheim hatte er nach Franzen et al. (2009: 14) eine Breite

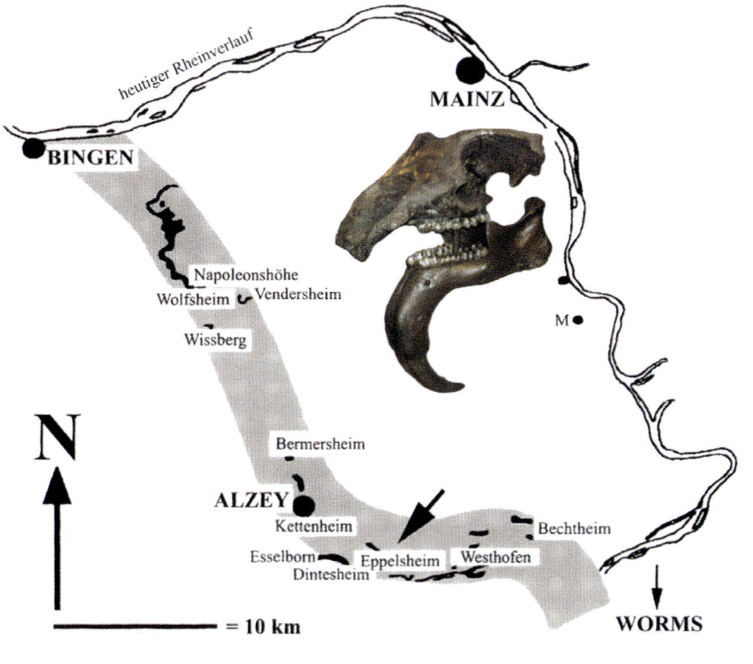

Abb. 91 Grafik vom rekonstruierten Verlauf des Ur-Rheins zwischen Worms und Bingen. Zur Orientierung ist der heutige Rheinverlauf eingezeichnet. Abgeändert und ergänzt nach Franzen et al. 2009

Abb. 92 Oberlauf der Isar südlich von Lenggries/Obb

von etwa 40 bis 60 m. Wie bei allen heutigen Flüssen gab es am Ur-Rhein Zuflüsse und Bäche, die in den Hauptstrom mündeten. So transportierte wohl eine Ur-Nahe Gerölle und Achate aus dem Nordpfälzer Bergland in den Ur-Rhein. Vermutlich existierte auch ein Ur-Main. Er mündete zur damaligen Zeit möglicherweise im Raum zwischen Bingen und Vendersheim in den Ur-Rhein.

Die Suche nach dem Quellgebiet

Der Verlauf des Ur-Rheins ist im Mainzer Becken trotz der isolierten Sandgruben mit typischen Sandvorkommen noch recht gut nachvollziehbar. Wenn wir uns allerdings stromaufwärts auf die Suche nach dem Quellgebiet begeben, wird es schwieriger. Denn im Bereich des Oberrheingrabens sind diese Sedimente aufgrund der permanenten Grabenabsenkung in tiefere Zonen verfrachtet worden. Lediglich Bohrungen können Aufschluss über die Position dieser Sedimente liefern. In diesen Sedimenten finden wir speziell bei den Geröllen Hinweise auf das Quellgebiet. Dabei sind Kieseloolithe „Leitgesteine“. Oolithe entstehen als stecknadelkopfgroße Kügelchen (Ooide) infolge von dünnen Kalk-Umkrustungen im sanft bewegten Flachwasser. Durch den Druck weiterer überlagernder Sedimente verdichten sich die Ooide zu einem Festgestein mit der Bezeichnung Oolith. Kieseloolithe bestehen aus Quarz, dessen Moleküle den ursprünglichen Kalk wohl verdrängt und durch Ausfällung von Kieselsäure (SiO_2) ersetzt haben. Solche Kieseloolithe kennt man aus Kalksteinen des Muschelkalk-Zeitalters. Lange Zeit der Erdgeschichte haben Kalksteine aus der Muschelkalkzeit das Grundgebirge im Bereich Schwarzwald und Vogesen aus Granit und Gneis überdeckt. Im Prozess des absinkenden Oberrheingrabens wurden die Grabenflanken herausgehoben und die Deckschichten abgetragen. Daher liegen Granite und Gneise inzwischen an der Oberfläche. Die verwitterungsbeständigen Kieseloolith-Gerölle haben Zeit und Raum überstanden. Sie wurden über den Oberlauf des Ur-Rheins in das Mainzer Becken und in das Mittelrheingebiet transportiert und stellenweise abgelagert. Somit können wir davon ausgehen, dass vor etwa 10 Millionen Jahren die damaligen Quellen des Ur-Rheins westlich (Vogesen) und östlich (Schwarzwald) des Kaiserstuhls lagen. Und dass der Ur-Rhein sich anschließend seinen Weg in den absinkenden Schollen des Oberrheingrabens

nach Norden gesucht hat. Warum aber hat er dann nicht die heutige Region von Mainz und Wiesbaden erreicht? Der Grund ist, dass damals der nördliche Oberrheingraben wohl zunächst auf gleichem Niveau oder sogar auf einem etwas höheren als das Mainzer Becken lag. So blieb dem Ur-Rhein keine andere Wahl, als ab Worms auf direktem Weg in Richtung Bingen und dann anschließend in Richtung zur damaligen Nordsee zu fließen.
Aktuelle Forschungen wollen das Alter der Ur-Rhein-Sedimente aufgrund von Belegen abgerollter Geweihstücke auf etwa 15 Millionen Jahre (Böhme et al. 2012) neu datieren. Ich vermute jedoch, dass diese Fossilien angesichts ihres Abriebes häufig umgelagert und wohl erst nach längerer Zeit in den Ur-Rhein gelangt sind. Ebenso wie Haizähne, welche ebenfalls in den Sedimenten nachgewiesen wurden. Auch diese wurden aus älteren Schichten freigelegt und gelangten auf diese Weise vor etwa 10 Millionen Jahren in den Ur-Rhein.

Sandgewinnung

Lange Zeit wurden die Sande des Ur-Rheins im Raum südöstlich von Alzey in kleineren Parzellen für Bauzwecke gewonnen. Gegenwärtig hat sich das Abbaugebiet in den Raum zwischen Sprendlingen und Ockenheim verlagert. Die Gruben bei dem kleinen Ort Laurenziberg sind aktuell nicht in Betrieb. Als Rohstoff-Vorrangflächen bestehen sie dennoch weiterhin. Bei Sprendlingen und Aspisheim findet hingegen in wenigen Sandgruben noch Rohstoffgewinnung statt. Allgemein bezeichnet man die Sedimente als Quarzsande, weil sie einen natürlichen Anteil von mehr als 80 % Quarz haben. Es handelt sich sozusagen um Restschotter. Alle ursprünglich vorhandenen kalkhaltigen Bestandteile im Sediment wurden während des Transportes unter subtropischem Klima aufgelöst. Damit erfüllen sie die Anforderungen für Feuerfest-Produkte. Meist finden sie derzeit jedoch Verwendung als Bausande oder als natürliche und damit unbelastete Auffüllungsmassen.

Die Verlagerung des Ur-Rheins

Die nächstjüngere Fundstelle von Ur-Rhein-Sedimenten im Zeitraum vor etwa 8,5 Millionen Jahren liegt lediglich 12 km östlich von Eckelsheim entfernt. Es handelt sich um eine relativ kleine Sand-/Kiesgrube im Nordosten von Dorn-Dürkheim, die weitgehend zerfallen ist (Abb. 93). Über kiesigen Sanden der Alzey-Formation folgt nach oben hin eine grobkörnigere Lage, die zeitlich nicht genau zugeordnet werden kann. In den darüber lagernden gelblichen, meist feinsandigen Sedimenten konnten aufgrund von Grabungen des Forschungsinstitutes Senckenberg 90 Säugetierarten mit einem hohen Anteil von Raubtieren, insbesondere „von Säbelzahnkatzen, Hyänen, Katzenverwandten, Marderverwandten, Katzenbären und Bären" (Probst 2008: 179) belegt werden. Außerdem wurden u. a. Biber, Tapire, frühe Hirsch-Arten, fünf Rüsseltier-Arten, Krallentiere und Ur-Pferde nachgewiesen. Fundstellen aus dieser erdgeschichtlichen Epoche sind in Mitteleuropa sehr selten. Die Fossilien belegen in diesem Zeitraum ein gemäßigtes Waldökosystem mit Übergängen zu Steppen- und Savannenzonen.
Außerdem ist das Vorkommen ein Hinweis auf die allmähliche Verlagerung des Ur-Rhein-Systems nach Osten infolge der Heraushebung Rheinhessens und der gleichzeitigen Absenkung des nördlichen Oberrheingrabens im Abschnitt zwischen dem heutigen Worms und Mainz. Die damaligen Klimafaktoren wandelten sich allmählich in Richtung der gegenwärtigen.
Bei der Erweiterung des Grabungsareals stießen die Paläontologen oberhalb der Dorn-Dürkheim-Formation unerwartet auf eine fossilführende Schicht aus einer Warmzeit des Eiszeitalters (s. u.), entstanden vor etwa 800.000 Jahren. Ob es Zufälle gibt oder nicht, darüber kann man streiten. Die Fossilien lagen

Abb. 93 Teilweise verwachsene Steilwand der ehemaligen Sandgrube bei Dorn-Dürkheim

eingebettet in ufernahen mergeligen Sedimenten eines Süßwassersees (Franzen 1999: 44). Ob zu dieser Zeit der postulierte Rheinhessen-See in seiner Gesamtheit und langfristig tatsächlich existiert hat, ist umstritten.

Vermutlich jünger als die Dorn-Dürkheim-Formation sind die sog. ***arvernensis*-Schotter** (vgl. Tab. 1 S. 79) im Norden des Mainzer Beckens. Die weißlichen, vorwiegend aus Quarzsanden und -kiesen bestehenden Flusssedimente sind auf den Plateaus der Region zwischen Mainz und Bingen verbreitet. Seltener sind Geröllchen aus Buntsandstein und kieselige Komponenten enthalten, die Hinweise auf eine Herkunft aus dem Einzugsgebiet des Mains geben (Schäfer 2012: 100 f.). Daher bezeichnet man die Ablagerungen als Sedimente des Ur-Mains. Namensgebend sind darin enthaltene Zahnfunde des Elefantenverwandten *Anancus arvernensis*. Dadurch ist eine Alterseinstufung in das Pliozän-Zeitalter (5,3 bis 2,6 Millionen Jahre) möglich. Noch vor wenigen Jahren waren die Sedimente im Steinbruch bei Mainz-Laubenheim aufgeschlossen. Leider kann man den ehemaligen Flussverlauf derzeit lediglich durch Geröllchen auf den Äckern der Region verfolgen. Meiner Kenntnis nach sind die Sedimente einzig in den Salamanderlöchern des Geoökologischen Lehrpfades im Südosten von Gau-Algesheim aufgeschlossen.

Weiße Sande sind in Rheinhessen eine Seltenheit. Im Raum Monsheim im südlichen Rheinhessen sind sie allerdings nichts Besonderes. Ihre Bezeichnung als **Kaolinsande** finde ich zutreffend für die Charakterisierung dieser Sedimente (Abb. 94). Andere Bezeichnungen sind „Kriegsheimer Sande“ oder „Weißes Mio-Pliozän“. Früher liefen sie unter der Bezeichnung „Weißes Oberpliozän“ oder fälschlicherweise auch als Klebsande. Der eigentliche Eisenberger Klebsand wurde im Eisenberger Becken vor etwa 34 Millionen Jahren abgelagert und hat ganz spezielle Eigenschaften (vgl. Abb. 62).

Generell ist es problematisch, Sedimente, die völlig fossilfrei sind, mit einem Altersbegriff in Zusammenhang zu bringen. Die Kaolinsande setzen sich fast ausschließlich aus schräggeschichteten linsenförmigen Quarzsanden in Verbindung mit fein verteilten weißen Kaolin-Tonmineralen zusammen. Teilweise sind Quarzkiese bänderartig eingelagert. Solche Sedimente sind wohl in langsam fließenden Flusssystemen in flachem Gelände entstanden. Sie stammen vermutlich aus einer subtropischen tiefgründigen Verwitterung von Sandsteinen des nördlichen Pfälzerwaldes. Diese bestehen vorwie-

Abb. 94 Historische Aufnahme der Sandgrube nördlich von Monsheim, Foto W. Weiler ca. 1950

Kaolinsande

Seit 1905 wurden Kaolinsande im Westen von Kriegsheim, inzwischen ein Ortsteil von Monsheim, abgebaut. Bis vor einigen Jahren bestand im Westen der Ortsgemeinde eine großflächige technische Anlage, in der Quarzsande in Absatzbecken von Kaolin abgetrennt wurden.

Nach Mitteilung des früheren Leiters der Gewinnungsstelle, Herrn Jurkovic, wurde Kaolin für keramische Zwecke, z. B. Porzellan, weiterverarbeitet, während Quarzsande als Füllstoff in der Waschmittelindustrie Verwendung fanden. Es ist erfreulich, dass Kaolinsande immer noch in einem Tagebau sichtbar sind. Gegenwärtig finden sie in der Zementproduktion als Zuschlagsstoff Verwendung.

Blicken Sie bei Sonnenschein vom Rand der Sandgrube auf die Sedimente, benötigen Sie eine Sonnenbrille. Der Sand reflektiert die Einstrahlung nahezu ungehindert. Bei bedecktem Himmel haben die Sedimente eher ein hell- bis mittelgraues Aussehen.

Aufgrund ihrer Position in der Gesteinsabfolge kann ihr Alter lediglich vermutet werden. Sie könnten ähnlich alt sein wie die *arvernensis*-Schotter und im Zeitraum zwischen 5,3 und 2,6 Millionen Jahren entstanden sein. Jüngere Flusssedimente waren auch im Steinbruch Mainz-Weisenau längere Zeit zugänglich.

gend aus Quarzsanden und Feldspat-Körnchen. Das Gerüst der roten Sandsteine im Pfälzerwald wurde gelockert, die Sandkörner wurden freigestellt und Eisenminerale weggeführt. Wenn Feldspatminerale verwittern, entstehen winzige Tonminerale, in diesem Fall Kaolin, die allenfalls mit einem Rasterelektronenmikroskop sichtbar gemacht werden können.

Niveau-Entwicklung in Rheinhessen

Die heutigen Plateau-Oberkanten bildeten zum Ende der Meeresüberflutung vor etwa 18 Millionen Jahren mehr oder weniger eine Ebene. In den folgenden Jahrmillionen entstanden lediglich flache Täler, in denen vor rund 10 Millionen Jahren der Ur-Rhein in Richtung des heutigen Bingens floss. Erst in der Übergangszeit vom Ende des Tertiärs zum Beginn des Quartärs wurden seit etwa 3 Millionen Jahren die Mittelgebirge und mit ihnen das Mainzer Becken stärker herausgehoben. Ursache dafür waren vermutlich die Auffaltung der Alpen zum Hochgebirge und der damit verbundene Druck auf die Region Mitteleuropas. Ob daraus resultierend der Eifel- und Westerwald-Vulkanismus aktiviert wurde, ist wohl Spekulation. Vorstellen könnte ich es mir.

Das Pleistozän-Zeitalter (Eiszeitalter)

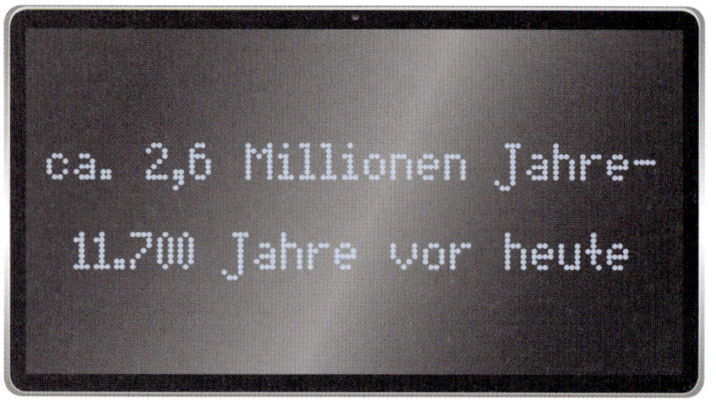

Unabhängig von den Diskussionen um Klimawandel und Klimakatastrophe sollten wir uns über einen unumstößlichen Faktor im Klaren sein: Nach den wissenschaftlichen Definitionen befinden wir uns derzeit immer noch im Eiszeitalter. Auch wenn es wärmer wird.

Denn im weiteren Sinne der Definition besteht das „Eiszeitalter“ seit der allmählichen Abkühlung im Miozän mit der Vereisung der Antarktis vor 23 Millionen Jahren. Und ganz speziell, im engeren Sinne seit dem Pleistozän ab etwa 2,6 Millionen Jahren, mit der Vereisung beider Pole. Geologen bezeichnen das Eiszeitalter auch als **Pleistozän**, welches zusammen mit der Neuzeit (geologisch: Holozän) die Epoche des Quartärs (2,6 Millionen Jahre bis zur Gegenwart) bildet. Während der überwiegenden Zeit der Erdgeschichte waren die Polregionen eisfrei und das Klima war in den gemäßigten Breiten wärmer als heute (Ehlers 2011: 13).

Es ist das Zeitalter der Entwicklung des Menschen. Noch immer bestehen Wissenslücken über genaue Entwicklungslinien und über Zusammenhänge. Vor etwa 40.000 Jahren trafen wohl Neandertaler und „moderne“ Menschen in Mitteleuropa aufeinander. Wissenschaftliche Nachweise belegen inzwischen jedoch, dass über 5.000 Jahre lang wohl mehr oder weniger intensive Kontakte der beiden Arten bestanden. Die Populationen waren allerdings aus heutiger Sicht äußerst gering. Schätzungsweise lebten unmittelbar vor dem letzten Hochglazial im Gebiet des heutigen Deutschlands etwa 2.000 Menschen. Im Spätglazial gab es etwa 40.000 Menschen in diesem Raum (Koenigswald 2010: 164 f.).

Ursachen für den Beginn des Eiszeitalters

Vor etwa 2,6 Millionen Jahren fanden Ereignisse statt, die sich überlagerten und das Klima unumkehrbar in Richtung Abkühlung veränderten. Es waren folgenreiche plattentektonische Prozesse. Nord- und Südamerika drifteten nach Westen und näherten sich dabei allmählich an. Die Verbindung der Südspitze Nordamerikas mit dem Nordrand Südamerikas im Zeitraum zwischen 4,2 bis 2,4 Millionen Jahren unterbrach den über viele Millionen Jahre bestehenden mächtigen erdumspannenden äquatornahen Meeresstrom. Bedingt durch diesen Prozess entstand erstmals der Golfstrom. Infolge der neu gebildeten Konstellation wurde nun warmes tropisches Meerwasser aus der Golfregion in den Nordatlantik transportiert. Vermehrte Feuchtigkeit in der Atmosphäre erzeugte dort verstärkt die Wolkenbildung und erhöhte Niederschläge, teilweise als Schnee. Schmolz dieser in kühlen Sommern nicht ab, bildete sich nach und nach Eis und daraus wurden Gletscher.

Zusätzlich schritten die Verlagerungen von Mikro-Kontinenten weiterhin voran. Bspw. die der Adriatischen Platte vom Nordrand des afrikanischen Kontinents nach Norden im Rahmen der Kollision mit Meso-Europa. Oder in Form der andauernden Kollision des indischen Subkontinentes mit Asien. Sie waren u. a. die Ursachen für die Veränderung von Luftströmungen in der Atmosphäre. Hochgebirge türmten sich innerhalb weniger Millionen Jahre auf. Die Alpen wurden zum Hochgebirge, das Hochland von Tibet wurde mit der Gebirgsbildung des Himalayas herausgehoben. Wie wir sehen, wurden Meeres- und Luftströmungen aufgrund plattentektonischer Prozesse in eklatanter Weise verändert. Diese Prozesse halten bis in die Gegenwart unverändert an.

Extra-terrestrische Prozesse

Bringen wir diese eklatanten globalen Veränderungen in Zusammenhang mit extra-terrestrischen Prozessen, wie z. B. der Exzentrizität der Erdumlaufbahn um die Sonne, der Veränderung des Neigungswinkels der Erdachse (Weidenfeller 2012: Abb. 5), (Frey & Gebhardt 2018: Abb. 21), der Veränderung und den schwankenden Aktivitätszyklen der Sonne (u. a. Sonnenfleckenzyklen), können Voraussetzungen geschaffen werden, die zu starken globalen Abkühlungen, aber auch zu deutlichen Temperaturanstiegen in den Warmzeiten geführt haben.

Im Eiszeitalter des Pleistozäns wechselten Kaltzeiten mehrfach mit Warmzeiten. Die Kalt- und Warmzeiten sind nach den Flüssen benannt, an denen sie in typischer Weise ausgebildet sind. Daher gibt es in Norddeutschland eine andere Benennung der Kalt- und Warmzeiten als in Süddeutschland.

Eine dieser wärmeren Phasen trägt die Bezeichnung **Cromer-Komplex**. In diesem Zeitraum wechselten wärmere Waldzeiten mit kühleren ab. In der sog. Mauerer Waldzeit, die auf ein Alter zwischen 750.000 und 600.000 Jahren datiert sind (Beinhauer & Wagner 1992: 20), wurden Sande und Kiese des Ur-Neckars abgelagert, in denen bei Sandgrubenarbeiten 1907 der berühmte Unterkiefer von *Homo heidelbergensis* (Heidelberger Mensch) entdeckt wurde.

Die letzte Warmzeit, in den nördlichen Bundesländern als Eem-Warmzeit, in Süddeutschland als Riss-Würm-Warmzeit bezeichnet, begann vor rund 126.000 Jahren und ging vor etwa 115.000 Jahren zu Ende. In dieser Warmzeit, in der es wärmer war als in der Gegenwart, bestand eine ähnliche Vegetation, wie wir sie heute kennen (Frey & Gebhardt 2018: 67). Bevor es jedoch ab 115.000 Jahren noch einmal richtig kalt wurde, lebten am Oberrhein Flusspferde, Wasserbüffel, Waldelefanten, Waldnashörner, Auerochsen, Steppenbisons und Leoparden.

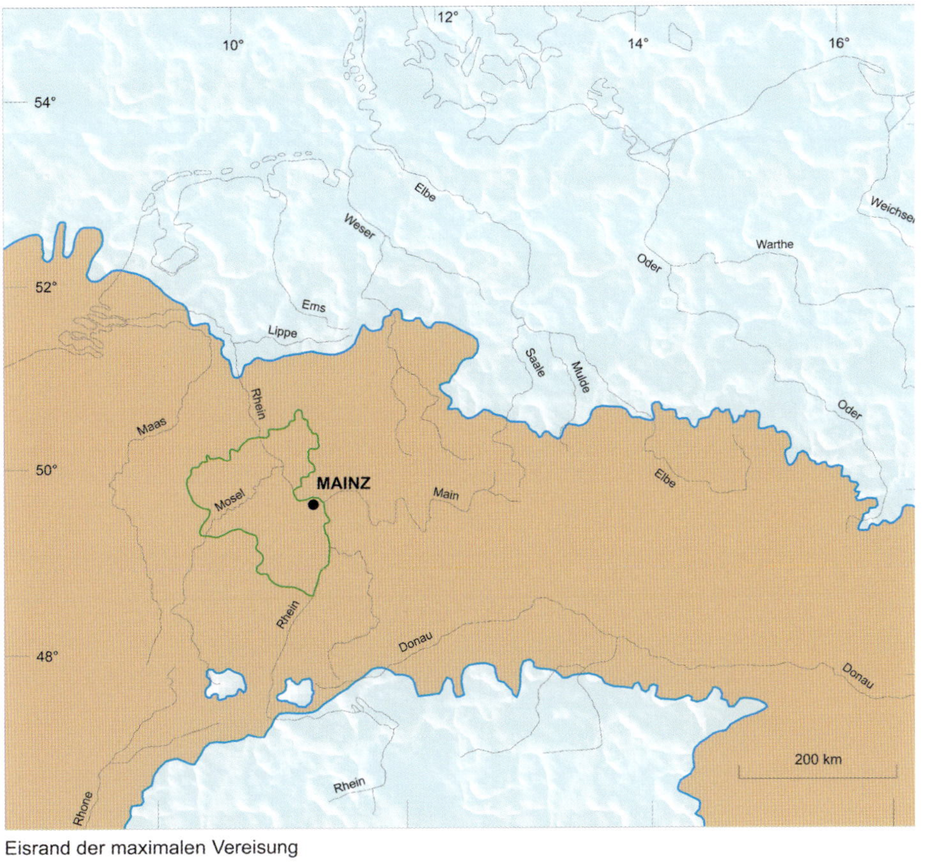

Eisrand der maximalen Vereisung

Abb. 95 Grenzen der maximalen Vergletscherung von Norden und von Süden. Dazwischen lag die eisfreie Mammutsteppe

Während der Kaltzeiten (auch als Eiszeiten oder Glaziale bezeichnet) waren große Wassermassen weltweit im Eis der Gletscher gebunden und damit dem Wasserkreislauf entzogen. Wie in Nordeuropa waren auch große Teile Nordamerikas und zahlreiche Hochgebirge von Gletschern bedeckt (Frey & Gebhardt 2018: Abb. 61). Daraus resultierend lag der Meeresspiegel um 100 m, teilweise bis zu 150 m tiefer als in der Gegenwart (!). In diesem Zusammenhang wurde wohl die menschliche Besiedelung Nordamerikas von Sibirien aus über die Behring-Straße (Blümel 2006: 16 f.), Australiens über Südostasien und einiger Inseln im Pazifik möglich (Ehlers 2011: 318 f.). Geringere Niederschlagsaufkommen verschiedener Windsysteme wie Passat und Monsun verursachten vielerorts den Wechsel von „Wald-Klimaten der Tropen, Subtropen und der kühl-gemäßigten Breiten" hin zur Verbreitung von „Savannen, Steppen, Halbwüsten und Wüsten". Die offenen Landschaften waren damals deutlich einfacher bis in das südliche Südamerika zu durchqueren (Blümel 2006: 17). Zumindest waren nun die Distanzen zwischen Festlandsregionen und Inseln deutlich geringer. Und warum sollten im damaligen Meeresspiegeltiefstand der Würm-Kaltzeit nicht auch Menschen an den damaligen Küsten gelebt haben? Ehemalige Küsten und Inseln, die in der Gegenwart jedoch von mindestens 100 m Meerwasser und von jungen Sedimenten überdeckt sind.

Im Eiszeitalter wechselten nach derzeitiger Kenntnis sechs längere Kaltzeit-Phasen mit dazwischenliegenden kürzeren Warmzeiten. Allerdings war es in den Kaltzeiten nicht grundsätzlich gleichmäßig kalt, wie bspw. in einer Tiefkühltruhe bei –19 °C. Und in den Warmzeiten auch nicht gleichmäßig warm, wie in einem Backofen bei +50 °C. Tatsächlich verlief die Klimakurve in einem ständigen Auf und Ab, vergleichbar mit einer Fieberkurve. Detailliert betrachtet gab es wohl mehr als 20 größere Schwankungsspitzen im Laufe der letzten 1,8 Millionen Jahre (Weidenfeller 2013: 69, Abb. 6-2).

Während der Kaltzeiten schoben sich in Mittel- und Nordeuropa große Inlandsgletscher von Skandinavien ausgehend teilweise bis zum Nordrand der Mittelgebirge und über England bis nach Irland. Schwer vorstellbar, dass in einigen Kaltzeiten über dem heutigen Bremen mehr als 2 km dickes Gletschereis lag. Gleichzeitig reichten große Gletscher aus dem Alpenraum weit ins Vorland. Auch der Südschwarzwald und die Südvogesen waren zeitweise vergletschert (Ehlers 2011: Abb. 2.5. S. 29, Weidenfeller 2013: 70). Im Norden und Süden von Eismassen begrenzt, erstreckte sich dazwischen die eisfreie Mammutsteppe (Abb. 95). So auch in Rheinhessen und im Oberrheingraben. Die Mammutsteppe war Lebensraum der vielfältigen großen Herden, die dort genügend Nahrung fanden. Unter dem vereinzelt geäußerten Aspekt, Deutschland wäre mehr-

Abb. 96 Die größte weitgehend vegetationsfreie Düne in Rheinland-Pfalz liegt zwischen Dudenhofen und Speyer

Abb. 97 Dünensand mit mattierter Oberfläche unter dem Mikroskop

Abb. 98 Strandsand mit polierter Oberfläche unter dem Mikroskop

fach vollständig von Gletschern bedeckt gewesen, hätten diese Situationen das vollständige Erlöschen dieser Artenvielfalt in Kaltphasen zur Folge gehabt. Die Tiere wären schlichtweg verhungert. Ausgestorben sind jedoch einige Tiergruppen erst in der Erwärmungsphase am Ende der letzten Kaltzeit.

Die kaltzeitlichen Dünen

Die Flüsse in Mitteleuropa wie bspw. der Rhein führten in den Kaltzeiten nur wenig Wasser. Die damaligen Überflutungsebenen der Flüsse waren in den Kaltzeiten gefriergetrocknet und oberflächennah zu lockerem Staub und Sand zerfallen. Ähnlich wie die Schollen auf den gepflügten Äckern nach einer Frostperiode. Damals wurde die Voraussetzung dafür geschaffen, dass Starkwinde und Stürme das Lockermaterial aufnehmen und verwehen konnten. In der Nähe des Rheins entstanden flache Flugsandflächen und Dünen. Wegen der geringen oder sogar fehlenden Vegetation waren Sandvorkommen ungeschützt dem Wind ausgesetzt. Ab einer gewissen Windstärke wurden Sandkörner mobilisiert und zu Dünen zusammengeweht. Ähnlich wie in Wüstengebieten. Beispiele in Rheinhessen finden wir im Mainzer Sand, in der Region zwischen Mainz und Ingelheim sowie westlich von Eich. Aber auch weiter südlich haben sich damals im Oberrheingraben, bspw. zwischen Dudenhofen und Speyer (Abb. 96) und im Raum Mannheim bis etwa Rastatt, Dünen gebildet.
Dünensand besteht hauptsächlich aus Quarzkörnern. Aber auch Sedimente des Ur-Rheins sowie einige Küstensedimente des Oligozäns bestehen vorwiegend aus Quarzsanden. Dünensande lassen sich jedoch mit der Lupe oder unter dem Mikroskop eindeutig von Fluss- oder Küstensanden unterscheiden. Sie haben nämlich eine mattierte Oberfläche. Sandkörner werden vom Wind aufgenommen und eine gewisse Strecke durch die Luft transportiert. Beim Aufschlagen auf bereits abgelagerte Sandkörner entsteht an der Kontaktfläche jeweils eine winzig kleine Vertiefung auf der Kornoberfläche, wobei kaum sichtbare Partikel herausgeschlagen werden. Daher erinnern Sandkörner einer Düne ein wenig an mikroskopisch kleine Golfbälle. Fällt unter dem Mikroskop Licht auf die Kornoberfläche, wirken sie mattiert (Abb. 97), im Gegensatz zu den polierten Oberflächen von Fluss- und Küstensanden, bei denen fließendes Wasser eine schleifende Wirkung hat (Abb. 98).

Löss

Der feinere Staub hingegen wurde mit dem Wind über größere Entfernungen transportiert und als Löss abgelagert. In rheinnahen Bereichen Rheinhessens sind Lössmächtigkeiten bis zu 40 m nachgewiesen. In größerer Entfernung entsprechend geringere. Eindrucksvolle Zeugnisse sind die Lösshohlwege im Raum Alsheim (vgl. Abb. 99, 132 und 175) und Mettenheim südlich von Oppenheim.
Löss ist ein feinkörniges, meist hellgelbes bis beiges Sediment. Er besteht hauptsächlich aus Schluff. Schluff oder auch Silt (hauptsächlich im englischsprachigen Raum) liegt zwischen den Korngrößen Ton und Sand. Ton fühlt sich zwischen den Fingern an wie Seife, Sand ähnlich wie Zucker oder Salz.

Abb. 99 Lösswand bei Alsheim mit Bodenbildung (Verbraunung) in den oberen 30 cm

Schluff hingegen erinnert beim Zerreiben an Mehl (vgl. Abb. 134). Löss enthält im Schluff fein verteilt vielfach einen Kalkanteil von etwa 20 %. Daher vermutet man die Herkunft des Lösses in Rheinhessen hauptsächlich aus den Flusstälern (Weidenfeller 2013: 71), nur untergeordnet aus dem Umland. Ältere Lössablagerungen wurden z. T. erneut mobilisiert. In den Überflutungsebenen des Rheins hatte sich in den Warmzeiten Schlamm abgelagert. Infolge des in den Kaltzeiten herrschenden Permafrosts im Untergrund war der Schlick gefriergetrocknet und zu lockerem Staub zerfallen. Aus diesen Arealen und aus den Schotterfluren des Rheins wurde nach aktuellen Vorstellungen der Staub von Stürmen und Starkwinden ausgeblasen und über die Landschaften Rheinhessens und des Oberrheins verbreitet und abgelagert.

In entfernteren Regionen stammt der Löss vorwiegend aus Moränen und Schottergebieten im Vorfeld der Gletscher. In Zentralchina gibt es mit die höchsten Lössmächtigkeiten. Bis zu 400 m Schichtdicke sollen bestätigt sein. Von den mitgeführten Lösspartikeln hat der Huang He seinen Namen: der Gelbe Fluss (Ehlers 2011: 264).

Die Kombination aus Schluff und fein verteiltem Kalk macht Löss zu einem äußerst hochwertigen Substrat für die Landwirtschaft. Löss kann Niederschlagswasser wie ein Schwamm aufnehmen und sehr lange halten. Dadurch werden Pflanzen auch in längeren Trockenphasen mit der nötigen Feuchtigkeit versorgt. Außerdem können Wurzeln leicht in das feinkörnige Sediment eindringen.

Graubraune bis braune, mehr oder weniger horizontal verlaufende Bänder in den Lössabfolgen, die vorwiegend aus Tonmineralen bestehen, sind Hinweise auf wärmere Phasen, in denen Bodenbildungen stattfanden. In gemäßigteren Kaltphasen kann sich Humus im Löss anreichern und ihm eine schwärzliche Färbung verleihen. Dann entstehen Schwarzerden, die fruchtbarsten Böden, die wir kennen. Vielfach in Lösswänden erkennbare Steinchen und Geröll-„Schnüre“ sind Hinweise auf Verlagerungen

von Sedimenten durch Wassertransport in wärmeren Zeitabschnitten (Abb. 133). Geologen sprechen von Schwemmlöss. Mit solchen Merkmalen lassen sich in Lösswänden verschiedene Löss-Generationen zwischen Kalt- und Warmzeiten nachweisen. Manchmal sind auch feine graue Bänder aus Aschelagen von Vulkaneruptionen erkennbar. Die Zusammensetzung der in den Aschelagen enthaltenen winzigen Minerale sind charakteristische Merkmale und „Finger-Abdrücke", die ganz bestimmten datierten Eruptionen zugeordnet werden können.
Bis in die Gegenwart wird und wurde in wärmeren Phasen der Kalkanteil oberflächennaher Lössbereiche durch Niederschlagswasser gelöst und in tieferen Zonen wieder ausgefällt. In diesen Bereichen findet man häufig unregelmäßige Knollen. Einige davon erinnern an Püppchen. Davon abgeleitet entstand die Bezeichnung Lösskindel. In den entkalkten Zonen entstanden gleichzeitig Tonmineral-Neubildungen. Geologen bezeichnen diese Sedimente als Lösslehm.

Fluss- und Terrassen-Ablagerungen

Sande der Freinsheim-Schichten bei Pfeddersheim sind charakteristische Sedimente aus der Zeit des Pleistozäns. Sie bestehen aus weißlichen, gelblichen bis roten Fluss-Sanden und Tonen (Abb. 100). Die hellen Sand-Varianten der Freinsheim-Schichten sind im Raum Monsheim-Pfeddersheim manchmal nur schwer von den weißen Kaolinsanden zu unterscheiden (vgl. Abb. 94). Wahrscheinlich enthalten sie umgelagerte Kaolinsande. Sie werden südlich von Pfeddersheim in Sandgruben abgebaut, überlagert von groben Geröllen, Kiesen und Sanden der Pfrimm. Terrassen nennt man Verebnungsflächen aus kiesigen bis sandigen Flussablagerungen, in die sich in einer späteren Phase der Fluss erneut einschneidet. Terrassen des Rheins sind im Mainzer Becken u. a. zwischen Mainz und Bingen vorzufinden.
In kaltzeitlichen Sommermonaten sind besonders an nach Süden ausgerichteten Hängen die oberen Zentimeter des Permafrostes aufgetaut. Es entstanden breiige Massen, die der Hangneigung folgend zu Tale krochen. Bodenfließen oder Solifluktion nennt man solche Vorgänge (Ehlers 2011: 195 f.; vgl.

Abb. 100 Freinsheim-Schichten in der Sandgrube der Fa. Antz bei Pfeddersheim

Abb. 135). Auf diese Weise kamen Jahr für Jahr erhebliche Massen zusammen, die sich am Fuß der Hänge ansammelten.

Am Ende der Kaltzeiten müssen wir im Zusammenhang mit den klimatischen Änderungen von teilweise lang anhaltenden Niederschlägen ausgehen. Mit dem raschen Abschmelzen der Gletscher jeweils zum Ende der Kaltzeiten kam Wasser wieder verstärkt in den Kreislauf, wie wir ihn in der Gegenwart kennen. Flüsse und Bäche führten in den Erwärmungsphasen regelmäßig enormes Hochwasser. Die erhöhte Fließgeschwindigkeit in Verbindung mit der mitgerissenen Sedimentfracht verstärkten die Erosionskraft. Die Wassermassen schnitten sich zunehmend in die Täler ein. Gleichzeitig wurde Lockermaterial, wie z. B. Solifluktionsmassen, die von den Hängen in die Täler abglitten, mitgerissen und wegtransportiert.

Zunehmende Niederschläge und steigende Temperaturen führten zudem zu Veränderungen in der Vegetation Mitteleuropas. Belege dafür sind bspw. die in den damaligen Sedimentabfolgen enthaltenen charakteristischen Pollen und deren jeweilige Häufigkeiten (Frey & Gebhardt 2018: 28 f.). Besonders die Maare der Eifel enthalten in ihren Sedimenten unschätzbare Dokumente über die Klimaabläufe zum Ende der letzten Kaltzeit. Der Permafrostboden in Mitteleuropa taute in wenigen Jahrzehnten vollständig auf, wodurch die Wiederbewaldung in Mittel- und Nordeuropa in rasanter Weise voranschritt. Denn Samen von Bäumen werden vielfach vom Wind verbreitet.

Erst im Eiszeitalter erhielt die Landschaft von Rheinhessen ihr unverwechselbares Aussehen nach mehr als 35 Millionen Jahren Entwicklungsgeschichte im Tertiär. Die Oberkanten der Plateaus waren ursprünglich miteinander verbunden und bildeten im Zeitabschnitt zwischen 18 und 5 Millionen Jahren die Landoberfläche.

Besonders wenn man in der Gegenwart in Rheinhessen an der Hangkante eines Plateaus steht und über die Landschaft schaut, wird einem bewusst, welche gewaltigen Gesteinsvolumina inzwischen fehlen, so zu beobachten am rekonstruierten Signalturm im Norden von Sprendlingen auf der Napoleonshöhe in Blickrichtung Süden. Einen ähnlichen Eindruck erhalten Sie auf der A 63, wenn Sie von Alzey aus bei Wörrstadt in Richtung Mainz fahren. Das breite Selztal bei Nieder-Olm lässt erahnen, welch enorme Massen an Lockergestein inzwischen abgetragen worden sind. Sie liegen mittlerweile vermutlich im Deltabereich des Rheins beim Eintritt in die Nordsee oder bilden vielleicht sogar einen Teil der Niederlande?!

Das Holozän-Zeitalter (andauernde warmzeitliche Epoche des Eiszeitalters)

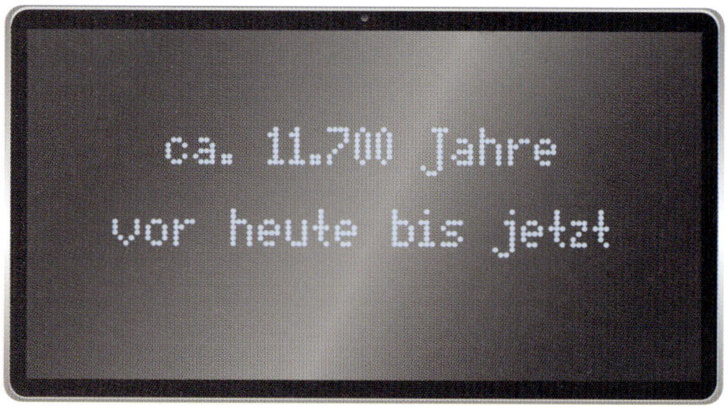

Nach der Erwärmung am Ende der letzten Kaltzeit hat es bis heute leichte Klimaschwankungen gegeben. Belege für wärmere Phasen sind u. a. mehr als 1.000 Funde von Holz- und Torfresten, die mit den Schmelzwässern unter Gletschern im Berner Oberland herausgespült wurden. Die Bäume sind in Höhen gewachsen, die heute von Gletschern bedeckt sind. Mithilfe der 14C-Datierung wurden vor dem Jahr 1950 zehn Warmzeitfenster im Zeitraum zwischen 9900 und 1150 nachgewiesen (Schlüchter & Jörin 2004: 41 f.). Sie lassen sich mit Zeiten erhöhter Sonnenaktivität korrelieren. Eines der Warmzeitfenster ist das Römerzeitliche Klima-Optimum (2300 bis 1600 Jahre vor heute) (Blümel 2002: 12), in der u. a. Hannibal mit seinen Kampfelefanten über die Alpen gezogen ist. Die anschließende Abkühlung hatte vermutlich Auswirkungen auf die folgende Völkerwanderungsphase (l. c. 13). Das Wärmeoptimum des Mittelalters (1000 – rund 1230) lag 1,5 bis 2 °C über der jetzigen Jahresmittel-Temperatur (l. c.). Ab 1330 wurde es erneut kühler. Höhepunkt war die sog. Kleine Eiszeit (um 1550–1850), in der junge Moränenwälle in den Alpen Gletschervorstöße belegen. Seit 1850 wurde es bis heute erneut wärmer.

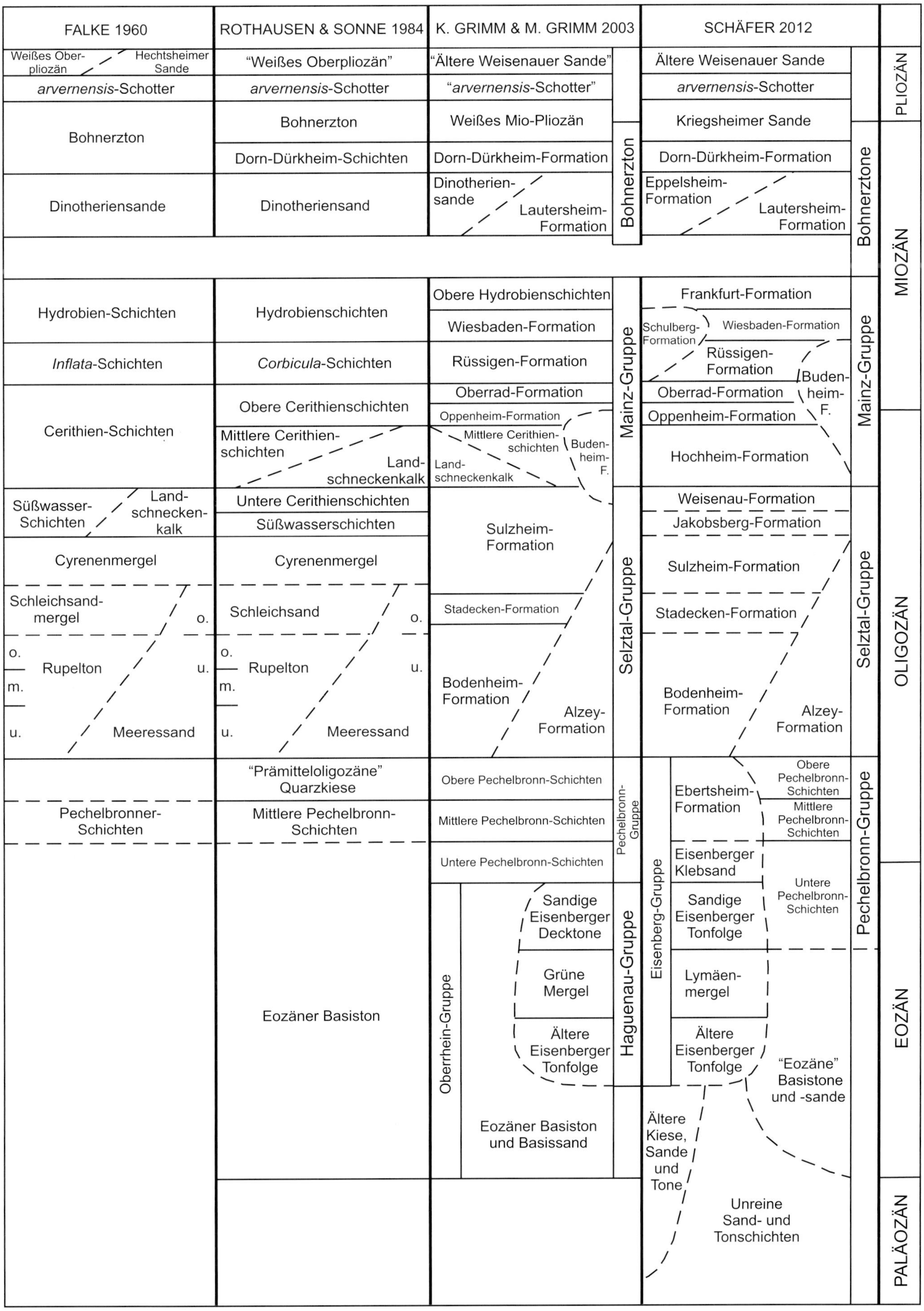

Tab. 1 Gegenüberstellung der unterschiedlichen Schichtenbezeichnungen der zeitlichen Abfolge im Mainzer Becken. Tabelle aus Schäfer 2012

AUS DEM KOCH- UND BACKBUCH DER ERDE

WARENKUNDE ZU UNSEREM PLANETEN ERDE

STEIN: GRUNDLAGEN, ENTWICKLUNGEN UND ZUSAMMENHÄNGE

Stein ist allgemein ein Begriff für einen festen Teil der Erdkruste. Einerseits kann er ein ästhetischer Bestandteil der Landschaft sein. Denken Sie bspw. an die eindrucksvollen Felsformationen im Dahner Felsenland (vgl. Abb. 45) oder an die Gipfel der Alpen, der Zugspitze, des Watzmanns, des Matterhorns oder die grandiosen Gipfel der Dolomiten. Und andererseits steht der Begriff auch für den flachen runden Stein, den wir beim Spaziergang über die Wasseroberfläche flitschen lassen.

Der Begriff Stein kann völlig unterschiedliche Bedeutung haben. Für die Rohstoffindustrie, die Basis unseres Wohlstandes in Mitteleuropa, hat der Begriff eine völlig andere Bedeutung als in der Edelsteinindustrie, bspw. für Diamanten in Idar-Oberstein. Bei den Brettspielen Dame und Mühle spricht man von Spielsteinen, die aber in vielen Fällen aus Holz sind. Dänische Steckbauklötzchen für Kinder bestehen aus Kunststoff. Dennoch nennt man sie L...steine.

Abb. 101 Weinstein aus einer Weinflasche. Durchmesser der größeren Aggregate ca. 3 cm

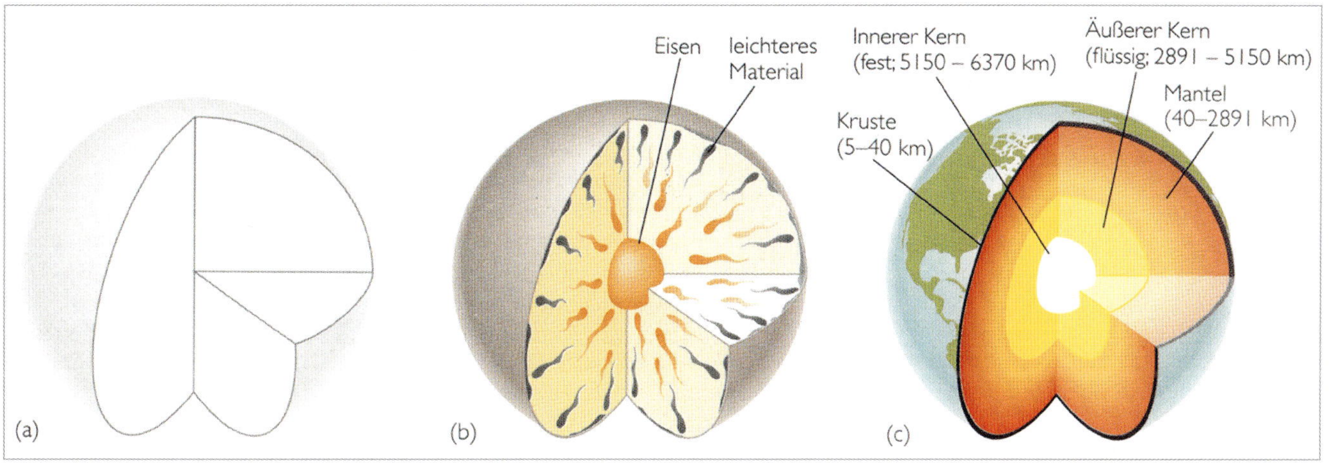

Abb. 102 Differenzierung der Erde in der Entstehungsphase

Nicht zu vergessen die gelegentliche Kristallbildung im Weinfass oder in der Weinflasche, der Weinstein (Abb. 101). Er ist die chemische Verbindung von Kationen (Ca, K) mit der in jedem Wein vorhandenen Weinsäure in Form von Kristallen.

Der Gesteinsplanet Erde

Geologen hingegen sprechen im Wesentlichen vom **Ge**stein, da unsere Erde auch als Gesteinsplanet bezeichnet wird. Sie gehört zu den inneren Planeten unseres Sonnensystems. Im Gegensatz dazu nennt man die äußeren riesigen Planeten Gasplaneten oder Gasriesen.

Nach den derzeitigen (!) Kenntnissen entstand die Erde vor etwa 4,6 Milliarden Jahren (vgl. Abb. 34). Demnach verdichtete sich kosmische Materie in unserem Sonnensystem an verschiedenen Stellen zu festen Strukturen. Der Raum zwischen den sich bildenden Planeten war damals noch erfüllt von Staub, Gasen und zusammengeballter Materie. Die größeren Planeten zogen im Anfangsstadium aufgrund ihrer Schwerkraft mehr und mehr dieser Materie an. Diese ließ sie anwachsen. Infolge von Kollisionen wurde erhebliche Energie freigesetzt, die zu Aufschmelzungsprozessen führte. Ähnlich wie auf der Sonne.

Innerhalb der frühen glutflüssigen Erde sanken schwerere Elemente zum Zentrum und leichtere stiegen nach außen (Abb. 102). So bildete sich allmählich ein Gesteinskörper, gegliedert in Erdkern, Erdmantel und Erdkruste, später darüber eine Hydrosphäre (Wasserhülle) und anschließend die Atmosphäre (Gashülle). Differenzierung nennen Geologen diese Vorgänge. Sie vermuten, dass der Erdkern weitgehend aus den Elementen Nickel und Eisen besteht. Abgeleitet wird diese Vermutung aus Analysen des Erdmagnetfeldes, welches vom Erdkern

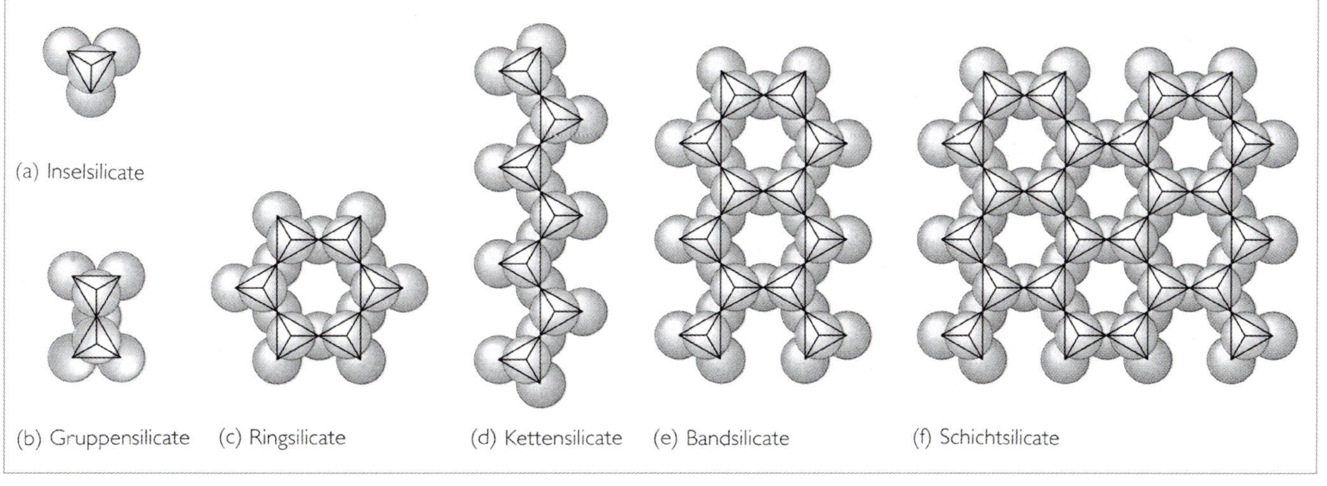

Abb. 103 Gitterstrukturen der Silikate

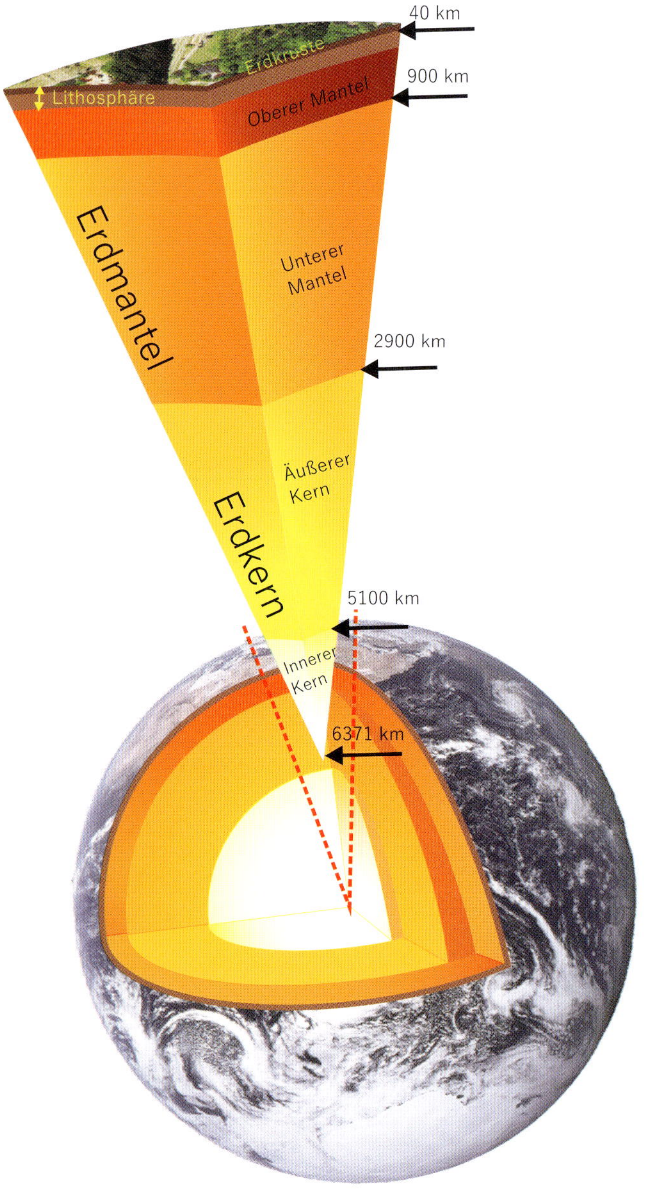

Abb. 104 Aufbau der Erde

erzeugt wird, aus dem Verlauf von Erdbebenwellen durch den Erdkörper sowie aus der Zusammensetzung von Meteoriten. Der Erdkern wird umgeben vom Erdmantel und darüber von der sehr dünnen äußeren Schale, der Erdkruste. Beide Hüllen bestehen vorwiegend aus **Silikaten**.
Jetzt wird es ein wenig kompliziert. Aber keine Sorge, wir werden hier lediglich die Grundbegriffe der anorganischen Chemie verwenden. Der Grundbaustein von Silikaten ist ein Silizium-Atom, welches jeweils von vier Sauerstoff-Atomen umgeben ist. Stellen Sie sich diesen Grundbaustein wie eine winzige Pyramide vor, deren Eckpunkte die Sauerstoff-Atome bilden und in deren Mitte sich das Silizium-Atom befindet. Wie in einem Baukastensystem können diese winzigen Pyramiden über positiv geladene Ionen (Kationen) miteinander verbunden sein. Ein anderes Bauprinzip bildet zwei Pyramiden, welche eine Spitze in Form eines Sauerstoff-Atoms gemeinsam haben. Diese Form erinnert ein wenig an eine eckige Sanduhr. Wieder andere Silikate haben viele kleine Pyramiden zu einer größeren verknüpft. Weitere Möglichkeiten sind die Verknüpfung der Pyramiden zu Ketten, Bändern, Schichten oder dreidimensional zu Gerüsten (Abb. 103). Und immer wieder sind unterschiedlichste Kationen eingebaut. Diese Baupläne verleihen den zugehörigen Mineralen die unterschiedlichsten Eigenschaften wie große Härte, gute Spaltbarkeit, die äußere Form, gute Leitfähigkeit oder auch Biegsamkeit. Ein Großteil der Minerale, welche wiederum Gesteine bilden oder verwitterungsbedingt die fein verteilten Tonminerale in den Weinbergen, gehört zur Gruppe der Silikate, bspw. die Feldspat-Gruppe (s. u.).

Der Aufbau der Erde

Die Erde hat einen schaligen Aufbau. Sie wird grob unterteilt in Kruste, Mantel und Kern (Abb. 104). Die Oberfläche der Erdkruste ist unser Lebensraum, die Biosphäre. Ein treffender Vergleich ist der Aufbau der Erde mit dem eines Apfels. Oder einer Nektarine. Kern, Fruchtfleisch und Schale. Von der Erdoberfläche gemessen bis zum Zentrum hat die heutige Erde einen mittleren Radius von rund 6.370 km.
Des Weiteren wird der Erdmantel in Oberen und Unteren Mantel, der Erdkern in Äußeren und Inneren Kern unterteilt. Diese Gliederung lässt sich über die Ausbreitung starker Erdbebenwellen, die sich durch den Erdkörper ausbreiten, ableiten. An „Erdschalen" unterschiedlicher Dichte können sie gebrochen oder reflektiert werden, was die Laufzeiten der Wellen sprunghaft verändert (Murawski 1992: 44). Die überall auf den Kontinenten verteilten Erdbebenmessstationen (sog. Seismografen) zeichnen die unterschiedlichen Wellen auf. Daraus lassen sich ein entsprechendes Verteilungsmuster berechnen und darüber der schalige Aufbau des Erdkörpers belegen.

Die Erdkruste

Geowissenschaftler unterscheiden die Erdkruste (vgl. Abb. 104) nach der mineralischen Zusammensetzung einerseits in eine kontinentale, hauptsächlich granitisch zusammengesetzte Kruste mit einer Dicke von rund 30 bis zu 70 km. Andererseits aber auch in eine ozeanische Kruste, bestehend vorwiegend aus Basalt mit etwa 7 km Dicke. Die Gesteinsdicke wird als Mächtigkeit bezeichnet.

Granitische kontinentale Kruste hat eine geringere Dichte (etwa 2,6 g/cm^3, was 2,6 t/m^3 entspricht) als basaltische ozeanische Kruste mit einer mittleren Dichte (etwa 3 g/cm^3, entsprechend einer Dichte von 3 t/m^3). Erklärung: Ein Würfel aus basaltischer Kruste mit einer Kantenlänge von 1 m hat demnach ein Gewicht von etwa 3 t. Und ein entsprechender Würfel aus granitischer Kruste somit von rund 2,6 t. Kollidieren kontinentale und ozeanische Krustenplatten, „schwimmt" logischerweise die „leichtere" kontinentale Kruste obenauf, und die „schwerere" ozeanische Kruste muss unter die kontinentale Kruste abtauchen und schmilzt in der Tiefe auf. Geologen sprechen von Subduktion. Ozeanische Kruste transportiert jedoch wassergesättigte Sedimente des Meeresbodens. Dann trifft Wasser auf Feuer. Explosiver Vulkanismus ist die Folge. Beispiel: Das Andengebirge in Südamerika ist daher durchsetzt von aktivem Vulkanismus. Insbesondere in Peru.

Eine Kollision von kontinentalen Krustenteilen verläuft eher wie ein Crashtest bei der Autoindustrie, bei dem fast gleichwertige Blöcke aufeinandertreffen. Nur bedingt findet eine Überschiebung der Blockteile statt. Über den kollidierenden kontinentalen Blöcken erfolgen oberflächennah mehrere Deckenüberschiebungen, die immer wieder aus dem vergleichbaren Sedimentstapel bestehen (vgl. Abb. 55). Zum Vergleich: Schieben Sie eine Tischdecke über eine Tischplatte. Die Tischdecke wird sich in den meisten Fällen in große Falten legen.

In der Realität am Beispiel Erde: die Alpen. Deckenüberschiebungen in den nördlichen Kalkalpen gliedern sich von Nord nach Süd im Wesentlichen in Kalkalpine Randschuppe, Allgäu-Decke, Lechtal-Decke und Inntal-Decke jeweils als eigene Einheit (Schmidt 1981: 54 ff., Abb. 16–18). Die untersten Schichten einer jeweiligen Decke bestehen aus hellen Kalken aus dem Trias-Zeitalter. Darüber folgen vielfach dunkle Tonmergel aus dem Unteren Jura. Sie gehen in braune kieselige Kalke des Mittleren Juras über. Zuoberst schließt eine Abfolge mit hellen, sehr harten Tiefseekalken und roten Tiefseekieselgesteinen (Geologen sprechen von Radiolarit) des Oberen Juras den Deckenstapel ab. Teilweise liegen darüber noch Sedimente aus der Zeit der Kreide. Folgen darüber erneut Kalksteine des Trias-Zeitalters, hat man die Basis der nächsten überlagernden Deckenüberschiebung erreicht.

Der Erdmantel

Die sog. Lithosphäre (Gesteinssphäre) der Erde besteht aus der Erdkruste und dem obersten Teil des Erdmantels. Sie setzen sich nach gegenwärtigen Vorstellungen aus festem Gestein zusammen. Nach aktuellem Wissensstand liegen die Temperaturen am Übergang von der Erdkruste zum Erdmantel im Schnitt wohl bei etwa 1.100 °C und einem Druck von 10 bis 16 kbar. In diese Bereiche steigen oftmals die heißen Gesteinsschmelzen aus dem Erdinnern auf. Dort bilden sich vielfach die Magmenkammern bzw. Magmenreservoirs. Tiefengesteine wie Granit entstehen dort. Oder aber die Schmelzen dringen entlang von tief reichenden Klüften bis an die Erdoberfläche. Vulkane mit all ihren Erscheinungen sind die Folge.

Der unter der Erdkruste folgende Obere Erdmantel besteht wohl aus plastischem Gestein (vgl. Abb. 104). Ab hier sprechen Geologen von der Asthenosphäre. Aufgrund der Temperaturen um die 1.300 °C wäre das Material flüssig, was aber wegen eines Drucks von bis zu 500 kbar verhindert wird. Er reicht bis in Tiefen von etwa 700 bis 900 km. Mit der Ableitung der hohen Temperaturen aus dem Erdkern steigen heiße Massen in den Erdmantel. Aufgrund der Plastizität entstehen sog. Konvektionsströme. Es sind jedoch gewaltige Walzen, mit denen aufgeheizte Massen bis zur Lithosphäre aufsteigen, darunter seitlich abgelenkt werden und mit dem Abkühlen wieder zurück in Richtung Erdkern absinken. So ähnlich wie die uns bekannten Rolltreppen. Diese Ströme bilden vermutlich den Antrieb für die Bewegung der Krustenplatten (Plattentektonik). Der Untere Erdmantel hat vermutlich eine ähnliche Zusammensetzung wie der Obere Mantel. Da der Druck jedoch auf mehr oder weniger 1.300 kbar ansteigt, ist die Gesteinsmasse wohl eher fest. Die

Temperaturen liegen wohl zwischen 2.000 und 3.500 °C. Der Untere Mantel reicht in Tiefen bis nahezu 3.000 km.

Der Erdkern

Tatsächlich steigen die Druck- und Temperaturbedingungen im Innern der Erde enorm an. Im Zentrum sind sie extrem. Vermutlich herrschen im Inneren Erdkern (vgl. Abb. 104) unvorstellbare Temperaturen zwischen 5.000 bis 6.000 °C und Drücke bis mehr als 3.000 kbar. Dem Druck entsprechend ist der Innere Kern vermutlich fest. Im äußeren Kern sind Druck und Temperatur geringer. Daraus schließt man, dass der äußere Kern flüssig ist und daher den inneren festen Kern umströmt (Murawski 1992: 44 f.).

Aus dieser Konstellation hat sich wohl das Erdmagnetfeld aufgebaut, welches schon seit dem Präkambrium das Leben und damit auch uns in der Gegenwart vor aggressiver Strahlung aus dem All und v. a. der Sonne schützt. Aber wie bereits in der jüngeren Erdgeschichte nachgewiesen, polte sich das Erdmagnetfeld mehrfach um. Nord- und Südpol wechselten die Position. In der älteren Erdgeschichte vielleicht viel häufiger, als wir es bisher in den Gesteinen nachweisen können. Was während der Umpolungsphasen passiert und wie lange sie dauern, darüber kann aufgrund unsicherer Daten derzeit lediglich spekuliert werden. Ursachen sowie daraus resultierende Folgen sind Themen der aktuellen Forschung.

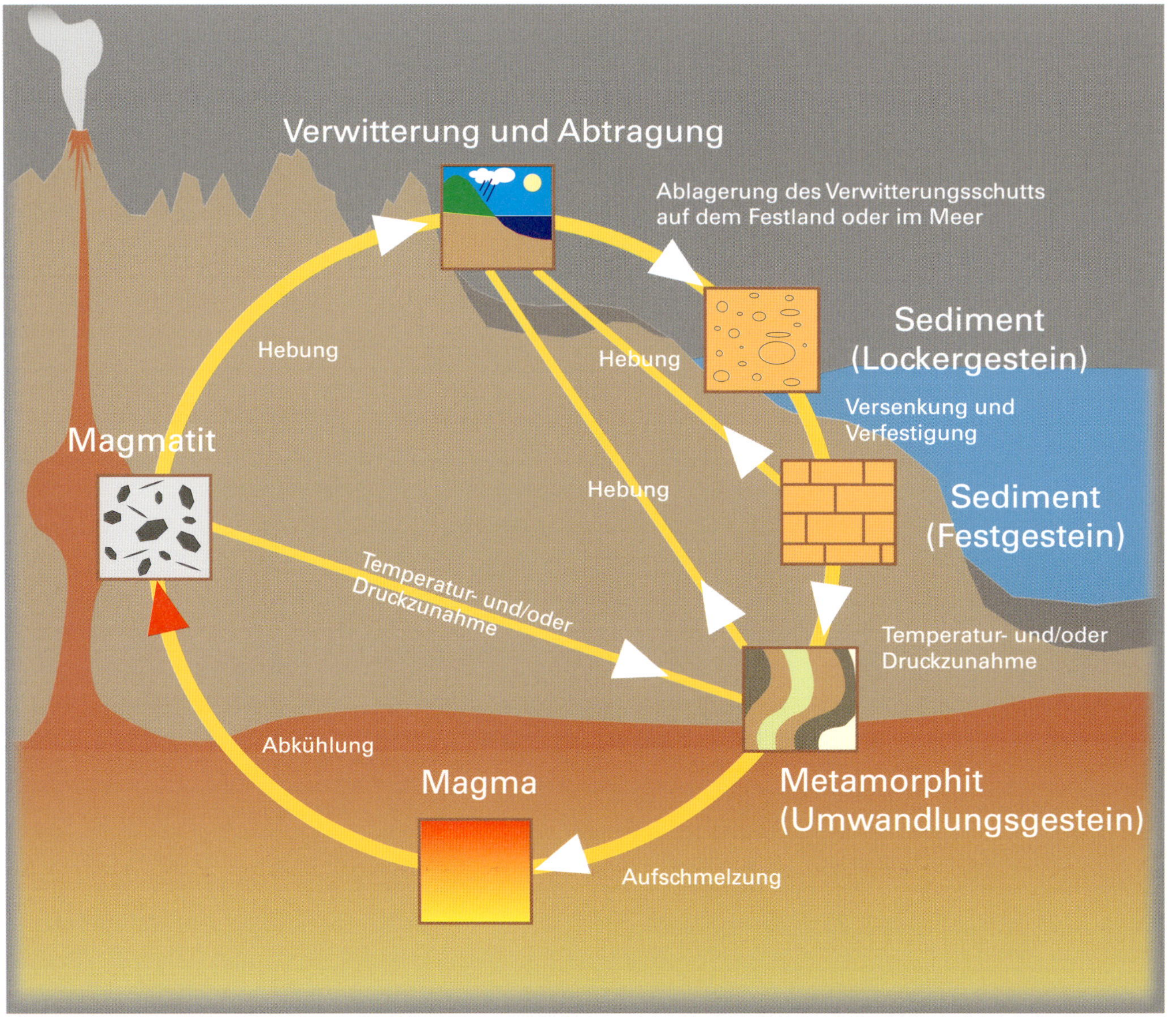

Abb. 105 Der Kreislauf der Gesteine

Magmatische Gesteine

Aber was genau ist denn nun ein Gestein? Als Gestein bezeichnet man im geologischen Sinne nach Murawski (1992: 71) natürliche Bildungen, die aus einem einzigen oder mehreren Mineralen, aus deren Bruchstücken oder Bruchstücken anderer Gesteine oder auch aus Resten von Organismen bestehen. Klingt vielleicht ein wenig kompliziert, ist es aber gar nicht, Sie werden es sehen.
Geologen unterteilen Gesteine entsprechend ihrer Entstehung in drei große Gruppen: magmatische Gesteine, Sedimentgesteine und metamorphe Gesteine.
Die Gruppe der magmatischen Gesteine ist aus einer glühenden Gesteinsschmelze im Erdinnern entstanden. Die Gruppe der Sedimente sind nach der Gesteinsverwitterung um- und abgelagerte Gesteine. Metamorphe Gesteine wurden infolge von enormen Druck- und Temperaturerhöhungen in teilweise plastische, auf jeden Fall aber veränderte Gesteine umgewandelt. Unser Planet Erde kennt keinen Abfall. Zumindest was die Lithosphäre anbelangt. Alles wird wiederverwertet. Dieses System nennt man den Kreislauf der Gesteine (Abb. 105). Jedes Gestein der drei großen Gruppen kann in ein anderes umgewandelt werden. Beginnen wir mit den magmatischen Gesteinen.

Nach dem heutigen Stand der Forschung steigen heiße Schmelzen aus dem Übergangsbereich Erdkern/Erdmantel zur Ableitung der extremen Temperaturen vom Äußeren Erdkern in den oberen Erdmantel bis in den Übergang zur Erdkruste. Dort werden sie unter der Lithosphäre (feste Erdkruste und oberster Erdmantel) seitlich abgelenkt und tauchen abgekühlt wieder in den Erdmantel zurück. Die Bewegungen dauern über Millionen Jahre an. Konvektionsströme nennen Geologen diese Vorgänge, die es bspw. auch im Suppentopf auf der Herdplatte gibt. Beobachten Sie mal die Bewegungen. Am Boden des Topfs heizt sich die Suppe auf. Daher steigen heiße Partien an die kühlere Oberfläche auf. Dort geben sie Wärme ab und sinken wieder nach unten.
Doch zurück zu unserem Planeten. Dieses Förderband aus Konvektionsströmen im Erdmantel transportiert Krustenteile in Form von ozeanischen oder kontinentalen Platten, lässt sie auseinanderdriften oder kollidieren. Tief reichende Brüche in der Erdkruste erleichtern als Schwächezonen den Aufstieg der Schmelzen zur Oberfläche. Die damit einhergehende Druckentlastung erleichtert das Fließverhalten der glühenden Ströme. Als Plutonite oder Tiefengestein bezeichnet man Magmen, die in der

Abb. 106 Vulkanische Bombe aus der Vulkaneifel. Länge 23 cm

Abb. 107 Schlackenlava aus der Vulkaneifel. Länge 35 cm

Erdkruste stecken bleiben und nur sehr langsam abkühlen. Große im Gestein enthaltene Minerale sind charakteristisch. Vulkanite entstehen, indem Magma bis an die Erdoberfläche aufdringt und vielfach als Lava ausfließt. Infolge der relativ raschen Abkühlung sind Vulkanite meist sehr feinkörnig. Steht das Magma unter hohem Druck, entstehen während der Eruption Auswurfmassen wie vulkanische Bomben (Abb. 106), Schlacken (Abb. 107), Aschen, Lapilli und Bims. Diese magmatischen Gesteine können bei Kollisionen von Krustenplatten in die Tiefe versenkt und bei Druck- und Temperaturzunahme in metamorphe Gesteine umgewandelt werden.

Sobald Festgesteine (Felsen) an die Erdoberfläche gelangen, beginnt die Verwitterung, das Gestein zu zersetzen. Hitze und Frost, Wind, Regen und Trockenheit zerrütten die Gesteinsstruktur. Der Schwerkraft folgend, lösen sich Gesteinsblöcke und Steine vom ursprünglichen Felsen und werden abgetragen. Solche Vorgänge erleben wir vielfach in Gebirgen und Wüsten als Gesteinsschutt. Der ständige Klimawandel sowohl in erdgeschichtlicher wie auch historischer Sicht zerrüttet exponierte Felszonen und lässt eindrucksvolle Monumente entstehen. Denken wir bspw. an die imposanten Steilwände der Drei Zinnen in den Dolomiten mit großflächigen Gesteinsschuttfächern am Fuß der Steilwände. Solche Kulissen entstehen in Hochgebirgen häufig in wärmeren Zeitphasen, wenn der Permafrost aus den Gipfeln weicht. Massenbewegungen, ausgelöst durch Felsstürze, stellen Gipfel mit enormen Steilwänden frei.

Steht genügend fließendes Wasser zur Verfügung, nimmt es das zerbrochene Gesteinsmaterial auf und transportiert es über Gebirgsbäche zu Tal. Solche Prozesse nennt man Abtragung oder auch Erosion. Nach heftigen Unwettern in den Bergen oder bei der Schneeschmelze kann man in den Bächen das Aneinanderstoßen des bewegten Gesteinsschutts förmlich hören. Sobald Gebirgsbäche im Tal in Flüsse münden, wird das Gefälle geringer. Nun beginnt das Mahlwerk der Gesteinsfracht. Kantiger Gesteinsschutt wird gerundet und im Fluss der Zeit zerkleinert.

Lässt die Transportkraft des Wassers nach, beginnt allmählich die Ablagerung gröberer Gerölle, später bleiben Kies und Sand liegen. Kommt in Seen oder im Meer die Fließenergie weitgehend zum Erliegen, lagert sich Feinmaterial in Form von Schluffen und Tonen ab. Vergleichbare Abläufe der Sortierung von Kies über Sand bis zu Schluff und Ton beobachten wir im Mündungsbereich von Flüssen ins Meer. Die Ablagerung von transportierten oder gelösten Stoffen nennt man Sedimentation. Die entsprechende Gesteinsgruppe bezeichnen Geologen als Sedimente oder als **Lockergesteine**.

Lockergesteine

Je nach ihrer Zusammensetzung unterscheidet man zum einen klastische Sedimente, die aus zerkleinerten ehemaligen Gesteinen bestehen. Chemische Sedimente werden zum anderen aus ursprünglich im Wasser gelösten Molekülen ausgefällt. Denken Sie an die lästigen Kalkablagerungen in Wasserkochern, Kaffee- und Waschmaschinen. In der Natur entstehen bspw. Kalk-, Dolomit- und Gipsgesteine. Die dritte Gruppe von Sedimenten setzt sich aus pflanzlichen und tierischen Bestandteilen zusammen. Sie werden als biogene Sedimente zusammengefasst. Beispiele sind Schreibkreide, Moore, Braun- und Steinkohle. Erdöl, Erdgas und Bitumen sind ebenfalls aus tierischen und pflanzlichen Bestandteilen entstanden. Man bezeichnet sie allerdings als Energie-Rohstoffe.

Häufig bleibt es jedoch nicht nur bei einer einzigen Sedimentationsschicht. Denn die Abläufe setzen sich fort und neue Sedimente überlagern die früheren. Dabei geraten sie in tiefere Sedimentbecken, wie etwa in der Nordsee. Die Auflast setzt die darunter liegenden Schichten unter Druck. Werden dann bspw. im Grundwasser gelöste Stoffe als Bindemittel zwischen den Körnern ausgefällt, versteinern lockere Sedimente zu Sedimentgesteinen, die durch Bewegungen in der Erdkruste erneut an die Erdoberfläche gehoben werden können, z. B. Sand- oder Kalksteine. Dann beginnt der Verwitterungs- und Abtragungsprozess von Neuem oder sie werden weiter in die Tiefe der Erdkruste versenkt. Dort werden sie bei zunehmendem Druck und Temperatur in metamorphe Gesteine umgewandelt.

Abb. 108 Gneis, durch Druck- und Temperaturerhöhung verändertes Gestein. Breite 18 cm

Metamorphe Gesteine

Metamorphe Gesteine (Abb. 108) entstehen in den meisten Fällen bei der Kollision von Krustenplatten, Mikrokontinenten und Inselbögen. Da ozeanische Krustenplatten weitestgehend aus Basalt bestehen, müssen sie unter die leichteren, vorwiegend aus Granit bestehenden Kontinentalplatten abtauchen. Dabei entstehen Hochgebirge mit vorgelagerten Tiefseegräben, wie im Fall der Anden. Aus den in die Tiefe der Erdkruste versenkten Gesteinen entstehen charakteristische metamorphe Gesteine. Kollidieren Kontinentalplatten miteinander, wird es kompliziert. Nur teilweise werden Bereiche der Kontinentalplatten in die Tiefe geschoben. Auf diese Weise bilden sich Hochgebirge wie die Alpen oder der Himalaya. In den Zentralalpen sind metamorphe Gesteine wie Glimmerschiefer und Gneise an die Oberfläche getreten (vgl. Abb. 55). Eine weitere Form von Metamorphose wird verursacht, wenn heißes Magma aus der Tiefe in Spalten und Klüfte der Erdkruste aufdringt und das unmittelbar umgebende kalte Gestein aufheizt und verändert. Diese Vorgänge nennt man Kontaktmetamorphose.
Bewegungen in der Erdkruste können auch metamorphe Gesteine an die Erdoberfläche heben. Dann beginnt erneut der Prozess der Verwitterung, wie wir ihn oben schon kennengelernt haben. Oder metamorphe Gesteine werden weiter in die Tiefe versenkt, bis sie letztendlich aufschmelzen und sich in magmatische Gesteine umwandeln.

Schon sind wir wieder bei den magmatischen Gesteinen angelangt. Aber auch sie können ins Erdinnere versenkt werden und infolge von Temperatur- und Druckzunahme in metamorphe Gesteine umgewandelt werden.
Der stetige Wandel auf der Erde ist die Normalität. Auch wenn wir ihn nicht wahrnehmen können oder ihn manchmal auch nicht unbedingt wahrnehmen wollen. Beeinflussen können wir ihn in den seltensten Fällen, vielfach aber überhaupt nicht. Dazu sind die aus menschlicher Sicht zwar enorm langsam ablaufenden, aber gleichzeitig unaufhaltbaren Prozesse nämlich viel zu mächtig – sowohl auf unserem Planeten als auch in unserem Sonnensystem.

Zubereitungszeiten

Der Zeitrahmen für die Entstehung von Gesteinen kann mit einer Dauer von Millionen von Jahren enorm lang sein. Insbesondere bei metamorphen Gesteinen. Zuweilen entstehen sie aber auch in erstaunlich kurzer Zeit. Denken wir an vulkanische Auswurfsmassen, wie z. B. Aschen oder Schlacken, die entstehen in kürzester Zeit. Lavaströme benötigen hingegen Tage oder Wochen (vgl. Abb. 48).

MINERALE

Und Minerale? Ein Großteil der Gesteine der Erde, der Gesteinsplaneten und Teile des Universums bestehen aus Mineralen. Minerale werden als stofflich einheitliche, eng begrenzte Körper bezeichnet, die vielfach ganz spezielle Kristallformen bilden (Schumann 2002). Andere Minerale sind allerdings auch ohne jegliche innere Struktur entstanden. Man bezeichnet sie als derb oder amorph.
Kristallformen folgen einer gesetzmäßigen Anordnung kleinster Bauteilchen wie Atome, Ione und Moleküle. Wissenschaftlich nennt man diese Struktur Kristallgitter, das zahlreichen Mineralen ihre besondere Gestalt verleiht.
Minerale können charakteristisch für die Gesteinsgruppen der magmatischen, sedimentären oder metamorphen Gesteine sein. Grundsätzlich werden auch Minerale aufgrund ihrer chemischen Zusam-

Abb. 109 Bergkristall, Corinto. Länge der Stufe ca. 15 cm

Abb. 110 Derber Quarz (Kiesel). Länge 8 cm

mensetzung in Gruppen zusammengefasst, die nicht mit den Gesteinsgruppen in den gleich folgenden Kochrezepten zu verwechseln sind.

Quarz-Gruppe

Quarz im weiteren Sinn besteht allgemein aus dem Molekül SiO_2, auch als Siliziumdioxid bezeichnet. Seine schönste Ausbildung ist für mich der glasklare Bergkristall, vielfach die Grundform eines typischen Kristalls (Abb. 109). Viel häufiger begegnet uns Quarz allerdings als derbes weißes Geröll in Flusskiesen (Abb. 110). Geologen sprechen dann von Milchquarzen. Er ist im wahrsten Sinne des Wortes ein Kieselstein. Die meisten anderen Komponenten der Kiese, die man häufig als Kieselsteine bezeichnet, sind im geologischen Sinne Gerölle.
Opal gehört ebenfalls in die Quarzgruppe. Seine Struktur ist im Wesentlichen amorph (s. o.). Jedoch sind im Kristallgitter stellenweise mikrokristalline Quarzvarietäten eingelagert, welche das typische schillernde Opalisieren hervorrufen.
Farbvarietäten von Quarzkristallen werden teilweise unter dem Begriff Schmuck- und Edelsteine geführt. Bekannte Beispiele sind Amethyst, Rauchquarz und Rosenquarz. Aber auch Kieselhölzer (versteinertes Holz) gehören zur Quarzgruppe. Bei ihrer Entstehung werden organische Holzstrukturen gelöst und im gleichen Maßstab von der Quarz-Varietät Chalcedon ersetzt. Erstaunlicherweise zählt die Quarz-Gruppe im deutschsprachigen Raum nicht zu den Silikaten, sondern zu den Oxiden.

Feldspat-Gruppe

Feldspäte gehören zu den Silikaten, die neben den vorherrschenden SiO_2-Molekülen weitere Elemente wie Kalium in Verbindung mit Aluminium (**Kalifeldspäte** (Abb. 111)) oder Kalzium und Natrium in Verbindung mit Aluminium (**Kalknatronfeldspäte**) in ihr Kristallgitter einbauen. In vielen Fällen bilden sie tafelige, meist rechteckige Kristalle, die bspw. dem Granit sein charakteristisches Aussehen verleihen. Für unsere Rezepte werden wir sowohl Kalifeldspäte als auch Kalknatronfeldspäte in unterschiedlicher Zusammensetzung benötigen.
Randsteine zwischen Gehweg und Straße bestehen vielfach aus Granit (vgl. Abb. 124 und 125). Die hellen, vielfach rechteckigen Kalifeldspat-Minerale zeichnen sich deutlich von ihrer Umgebung ab. Aber auch in Arbeitsplatten in der Küche, in Treppenhäusern, in

Abb. 111 Kalifeldspat mit Quarz, Baveno. Länge der Stufe ca. 30 cm

Fensterbänken und Fassadenverkleidungen erkennen wir die typischen Feldspat-Minerale.
Bei der Verwitterung feldspathaltiger Gesteine entstehen völlig unterschiedliche Sedimente und auch davon abhängige Tonminerale. Eines der charakteristischen Tonminerale ist Kaolinit, das Rohmaterial für die Porzellanherstellung (vgl. S. 71).

Abb. 112 Biotit (Glimmer)

Glimmer-Gruppe

Glimmer sind Silikat-Minerale, die sich besonders durch die Bildung von tafeligen Kristallpaketen bei gleichzeitig blättriger Struktur und perlmutt- bis metallisch glänzenden Schuppen, „Glimmern", von anderen Mineralen unterscheiden. In magmatischen Gesteinen sind sie als geschichtete Minerale enthalten. In Sedimenten fallen sie als lichtreflektierende Plättchen auf. In metamorphen Gesteinen bilden sie vielfach glitzernde Lagen (Glimmerschiefer), die teilweise an Metalle erinnern.
Die wichtigsten Glimmer-Minerale sind der dunkelbraune bis schwarze Biotit (Abb. 112) und der meist silberfarbige Muskovit (Moskauer Glas). Sie treten häufig in magmatischen und metamorphen Gesteinen auf (s. u.). In Sedimentgesteinen sind sie vielfach als glitzernde Schüppchen enthalten.

Karbonat-Minerale

Karbonat-Minerale kommen weitgehend in chemischen Sedimenten vor. Gesteinsbildend sind sie das Hauptgemengeteil der Karbonatgesteine, untergeordnet auch in magmatischen, sedimentären und metamorphen Gesteinen. Das wesentliche Mineral ist **Kalzit** ($CaCO_3$; Abb. 113), aus dem das Sediment Kalkstein hauptsächlich besteht. Aber auch das metamorphe Gestein Marmor ist vorwiegend aus Kalzit zusammengesetzt. Ein Nachweis für $CaCO_3$ im Gelände ebenso wie bei den lästigen Ablagerungen in Küche oder Bad ist die Reaktion mit Säuren durch Aufschäumen oder Blasenbildung.
Bei der „Zubereitung" ihrer Gesteine gibt die Erde ganz bestimmte Zusammensetzungen und Bildungsbedingungen vor. So ähnlich wie die Rezepte unserer Mütter und Großmütter, welche sie wiederum von ihren Vorfahren überliefert bekommen haben, weil sie sich bewährt haben. Andererseits ist die Erde auch sehr kreativ und probiert immer wieder neue Variationen aus. Das macht es mir aber nicht einfacher bei der Übermittlung dieser Variationen.
Daher mein Vorschlag: Testen Sie zunächst die Grundrezepte. Dabei ist es unerlässlich, physikalische, chemische und z. T. auch biologische Gesetzmäßigkeiten zu berücksichtigen.

Abb. 113 Kalzitkristalle auf Kalkstein („Honigkalzit"). Länge der Stufe 23 cm

REZEPTE ERGÄNZT UM SPEZIALITÄTEN AUS RHEINHESSEN UND UMGEBUNG

VORSPEISEN

Kalksinter (Travertin)

Möglicherweise gab es vor gar nicht allzu langer Zeit im Südosten von Rheinhessen Austrittsstellen von kalkhaltigen Quellen, an denen die Ausfällung von Kalksinter stattgefunden hat. Quellen so ähnlich wie die des Seebachs in Westhofen. Zumindest wurden Werksteine aus Kalksinter in der Mikwe in Worms ebenso verbaut wie an den Türmen von Wormser Kirchen. Zweck war, Gewicht und damit Druck zu verringern. Relikte von Gewinnungsstellen sind anscheinend nicht mehr vorhanden, denn möglicherweise wurden die damaligen Vorkommen restlos abgebaut. Das sind jedoch lediglich Vermutungen. In der näheren Umgebung sind aktuell keine derartigen Vorkommen bekannt.

Zutaten:

- **Quellaustritte in kalkhaltigen verkarsteten (zerklüfteten) Gesteinsregionen (z. B. die Eifelkalkmulden, Jurakalke der Schwäbisch-Fränkischen Alb oder der Nördlichen und Südlichen Kalkalpen)**
- **Moose, Farne, Schilf und andere feuchtigkeitsliebende Pflanzen**
- **zum Garnieren gemischtes Laub von Bäumen**
- **kohlensäurehaltiges Niederschlagswasser**

Zubereitung:
Lassen wir Niederschlagswasser über Risse in kalkhaltigen Gesteinen versickern. Dabei löst Wasser den oberflächennahen Kalk auf und nimmt in dem Zusammenhang die gelösten Moleküle auf. Geologen nennen diesen Vorgang Verkarstung bzw. Karst, benannt nach der Region Karst im Südwesten von Slowenien. Durch die Kalklösung entstehen im Untergrund winzige Hohlräume bis hin zu hallenförmigen Höhlen. Tropft dann kalkhaltiges Wasser von Höhlendecken, entstehen Tropfsteine. Die von oben nach unten wachsenden Formen nennt man Stalagtiten. Die durch auftreffendes Tropfwasser am Höhlenboden entstehenden Gebilde bezeichnet man als Stalagmiten. Nun lassen wir das langsam fließende kalkhaltige Grundwasser nach einigen Hundert Metern als Quelle erneut an die Erdoberfläche treten. Indem sich das Wasser an der Oberfläche erwärmt, entweicht CO_2. Gleichzeitig fallen die gelösten Moleküle als feiner Kalkschlamm aus und überkrusten Pflanzen, Steine und Felsen mit einem kalkigen Überzug, der nach und nach anwachsen kann. Im bergfeuchten Zustand lassen sich diese Kalkausfällungen leicht aus dem Gestein heraussägen und bearbeiten. Sobald diese Werksteine jedoch austrocknen, entsteht ein unerwartet festes und widerstandsfähiges, aber auch relativ leichtes Gestein, da es wie ein Schwamm sehr viele Hohlräume um ein stützendes Geflecht ausbildet.

Abb. 114 Kalksinter mit Abdruck eines Weidenblatts. Breite des Steins 6 cm

Mengenangaben zu diesem Rezept sind nicht nötig, da der beschriebene Ablauf bei kalkhaltigem Trink- als auch Brunnen- oder Oberflächenwasser bereits im Haushalt, im Blumentopf, auf der Terrasse wie auch im Garten ohne weitere Vorkehrungen funktioniert.
Benötigen Sie jedoch größere Mengen an Kalksinter, würde sich ein aufgelassener Kalksteinbruch mit vorhandenen Verkarstungshohlräumen zur Gewinnung entsprechender Gesteine anbieten.

Fundstellen:

- Bereich der Kalkeifel: Wasserfall von Dreimühlen südlich Üxheim-Ahütte
- Travertinpark Stuttgart
- Gewinnungsstätten in Polling/Oberbayern
- Wasserfälle und Quellaustritte am Alpenrand zwischen dem Allgäu und dem Salzburger Land
- UNESCO-Welterbe der Sinterterrassen bei Pamukkale in der Türkei

Verwendung:

- Naturwerksteine mit besonders geringem Gewicht für hohe Bauwerke
- kompakte polierfähige poröse Kalksteine als Wand- und Bodenplatten
- Naturwerksteine, die ein filigranes Erscheinungsbild aufweisen, bspw. Grotten in Garten- und Parkanlagen wie im Schwetzinger Schlossgarten

„Schwalbennester“

Zutaten:

- **kleinere Schalen von Fluss- oder Teichmuscheln (*Unio* sp., *Anodonta* sp.)**
- **Cyanobakterien („Blaualgen“) sowie Süßwasseralgen, wie sie bspw. im Bodensee vorkommen, angepasst an die Menge der Muschelschalen und der Größe des Gewässers**
- **ein nicht allzu tiefer Süßwassersee mit feinkörnigem, vorwiegend tonigem Boden**
- **feinste Körnung gemahlenen Kalks (Kalziumkarbonat, $CaCO_3$) zur Auflösung im Süßwasser zu Kalkschlamm**

Zubereitung:

Man bestückt den Grund eines lichtdurchfluteten Teiches oder Sees mit kleinen leeren Einzelklappen von Fluss- oder Teichmuscheln mit der Krümmung nach oben. Angenehm warm sollte das Wasser sein, am besten bei subtropischen Klimabedingungen. Danach sorgt man für den Zufluss von reichlich Süßwasser, in dem sehr feines Kalkpulver aufgelöst ist. Weiterhin gibt man je nach Belieben etwa einen Teelöffel Cyanobakterien pro Muschelschale hinzu, die sich bald auf den Schalen ansiedeln. Bei ausreichend Zugabe von Phosphat und Stickstoff werden Sie eine rasche Entwicklung der mikroskopisch kleinen Bakterien erkennen. In Zusammenhang mit genügend Licht und erhöhten Temperaturen beginnen die Mikroben, Fotosynthese zu betreiben. Durch Ausfällung des gelösten Kalkes aus dem Wasser bilden sich auf und zwischen den Blaualgen feine Kalklagen aus. Wie zu erwarten, ist das Wachstum der Cyanobakterien auf der Oberseite grundsätzlich stärker als auf der Unterseite. Die Ausrichtung der Algenfäden variiert in unterschiedlichem Maß mit der jeweiligen Umkrustung. Nach der Studie von Leinfelder & Hartkopf (1990: 296) ist es nicht erforderlich, die Umkrustungen umzudrehen. Auch in der stabilen Lage mit der Krümmung der Schalen nach oben ist ein geringes Wachstum der Cyanobakterien auf der Unterseite wie bei einer „Kalk-Panade“ gewährleistet. Die Lagen der Umkrustung werden immer wieder von radialen Poren durchzogen, wobei das knubbelartige Wachstum entsteht, das an Schwalbennester erinnert.

Ich denke, schaden kann es nicht, die umkrusteten Schalen durch von stärkerem Wind verursachte Wellenbewegungen hin und wieder mal zu wenden. Schon nach wenigen Jahren sind auf diese Weise dicke ovale Kalkkrusten entstanden, die eine gewisse Ähnlichkeit mit Schwalbennestern haben. Sägt man ein solches „Schwalbennest“ auf, erkennt man im Innern den Abdruck einer Muschelschale, die in den meisten Fällen aufgelöst ist. Außen herum findet man einzelne feine Kalkkrusten, die entfernt an Blätterteig erinnern.

Onkoide nennen Geologen solche Umkrustungen in Zentimetergröße. Sie entstehen durch Kalkausscheidungen von Algen infolge von Fotosynthese um einen Fremdkörper im Flachmeer. Wegen ihrer ovalen oder auch runden Form im Jura an der Südküste von England nennt man sie Snuffboxes (Schnupftabakdosen). Ein Begriff, den aber heute kaum noch jemand kennt.

Bei vergleichbaren Bildungen in der Größenordnung eines Stecknadelkopfes sprechen Geologen von Ooiden. Das aus diesen winzigen

Abb. 115 „Schwalbennester" aus der Jakobsberg-Formation. Das rechte Onkoid wurde aufgesägt. Im unteren Bereich erkennt man die Lage der inzwischen weggelösten Schale einer Süßwassermuschel. Breite des rechten Onkoids etwa 5 cm

Kügelchen bestehende Gestein nennt man Oolith. In den Kalksteinen des Mainzer Beckens sind sie gar nicht so selten und stellen charakteristische Hinweise auf Flachmeerbildungen dar (vgl. Abb. 80).
Finden kann man „Schwalbennester" in einigen mittleren Hanglagen im Niveau der Süßwasserschichten des Mainzer Beckens. Beispiele: am Südhang des Wißbergs bei Gau-Bickelheim oder in den Weinbergen südöstlich von Vendersheim.

Alter:
ca. 25 Millionen Jahre, Jakobsberg-Formation (früher: Süßwasserschichten) Ober-Oligozän, Tertiär.

Verwendung:
Keine eigentliche Anwendung in größerem Stil. Sie sind jedoch Leitfossilien für die Jakobsberg-Formation (Süßwasserschichten) als Abschluss der ersten Meeresphase und vor dem erneuten Meereseinfluss im Mainzer Becken. Sie dokumentieren sowohl im Gelände als auch im Museum die Umweltbedingungen der damaligen Region. Und dabei eignen sie sich auch als eigenwillige Fossilien zur Dekoration auf der Fensterbank.

KURZGEBRATENES

Basalte & Andesite

In dieser Gruppe, die zu den Vulkaniten gehört, ist es ratsam, schon auf Vorrat größere Mengen herzustellen, da sie zu den unterschiedlichsten Anlässen Verwendung finden können.

Basalte im weitesten Sinne, die man auch dem Typ „basaltischer Andesit“ zuordnen könnte, treten vorwiegend am Westrand Rheinhessens in den Abfolgen des Rotliegend-Zeitalters vor rund 290 Millionen Jahren auf. Im übrigen Rheinhessen sind sie sehr selten. Meist sind sie in der Landschaft versteckt und beschränken sich dann auf die eng begrenzten Füllungen ehemaliger Vulkanschlote. Es sind die Förderkanäle der Magmen an die Erdoberfläche. Seit Beginn des Tertiärs vor 65 Millionen Jahren gibt es lokal lediglich einzelne kleine Vorkommen. Sie sind Zeugen der frühen Phase der Entstehung des Oberrheingrabens infolge der Dehnung der Erdkruste. Platz wurde damals geschaffen für den lokalen Aufstieg von Magmen.

Das zugewucherte Vorkommen im Roten Hang zwischen Nierstein und Nackenheim oder der mit Auswurfsmassen verfüllte Vulkanschlot am Südwestende der Insel Kisselwörth sind weitere Beispiele. Lediglich bei extremem Niedrigwasser im Rheinniveau tritt der Förderkanal zutage (vgl. Abb. 58). Östlich der Kirche bzw. des Friedhofs in Hillesheim sind dunkelgraue, in den Weinbergen vorkommende basaltische Steine weitere Belege für einen zusätzlichen Vulkanschlot aus diesem Zeitraum.

Andesit

Die Bezeichnung Andesit ist abgeleitet von den Anden in Südamerika (Andes), da die Anden die typische Region für dieses Vulkanitgestein sind. Zahlreiche Vulkane des „Pazifischen Feuerrings“, darunter auch der Fujiyama, bestehen aus Andesit. Der alte Name für dieses Gestein ist Melaphyr. In Schumann (2002: 244) wird Andesit als heller Vulkanit beschrieben. Speziell im westlichen Randbereich Rheinhessens und in der Pfalz ist Andesit aufgrund seines geringen Quarzanteils sehr dunkel und wird deshalb häufig auch als basaltischer Andesit bezeichnet. Er entspricht eher dem in Schumann (2002: 248) als Melaphyr (schwarzer Stein) beschriebenen Vulkanit.

Abb. 116 Feldspatkristalle. Breite der Stufe 10 cm

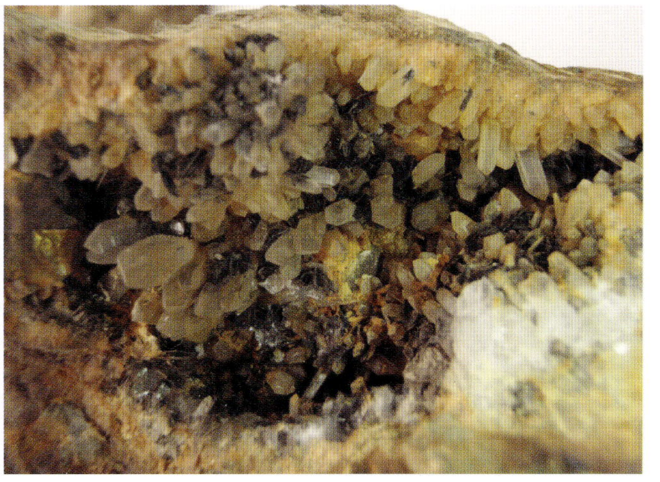

Abb. 117 Quarzkristalle. Breite der Stufe 15 cm

Für 100 t Andesit aus Rheinland-Pfalz benötigen wir an Zutaten:

- **ca. 90 t Feldspäte (Abb. 116)**
- **etwa 10 t Quarz (Abb. 117) oder entsprechend Ersatzstoffe in Form von Foiden**
- **je nach Dekoration einige Vol.-% vulkanische Gase, welche zur Auflockerung der Gesamtmasse dienen**
- **aufsteigende heiße Tiefenwässer (Hydrotherme) mit gelösten Molekülen (bspw. Siliziumdioxid) und chemischen Elementen (Eisen, Mangan, Titan ...)**

Zubereitung:
Zur Herstellung von rheinland-pfälzischen Andesiten (Abb. 118) sind als Haupt-Gemengeteile gemischte Feldspäte und ein Anteil an Quarz von maximal 10 % erforderlich. Ideale Bildungsbedingungen finden wir im Übergangsbereich von der Erdkruste zum Erdmantel in etwa 40 km Tiefe. Unter hoher Zufuhr von Hitze (Stufe 6) schmelzen wir die Rohmasse bei etwa 1.000 °C und einem Druck von etwa 10 bis 15 kbar auf, bis eine sämige, gelbglühende Masse entstanden ist. Eine tief greifende Kluft bzw. Störung in der Überdeckung der Erdkruste begünstigt anschließend den Aufstieg unseres glühenden Magmas an die Erdoberfläche. Durch Druckentlastung während des Aufstiegs verflüssigt sich die Masse umso mehr, je weiter sie an die Oberfläche vordringt. Die in unserem Teig vermengten Gase können bei diesem Vorgang Blasen bilden, die den Auftrieb beschleunigen. An der Erdoberfläche tritt die glühende Masse als dünnflüssiger Lavastrom aus. Zur Abkühlung leiten wir den Lavastrom am besten in ein vegetationsfreies oder vegetationsarmes Tal.
Je geringer der Anteil der beigemengten Kieselsäure (Quarz-Anteil) ist, umso rascher können die Gasblasen zur Oberfläche der Lava aufsteigen und in die Atmosphäre entweichen. Durch eine etwas größere Beimengung von Quarz erreichen wir eine höhere Viskosität der Lava, wobei zahlreiche Gasblasen nicht aus der Lava entweichen können und als Hohlräume in dem sich abkühlenden Gestein (vgl. Abb. 48) verbleiben.
Zum Garnieren versenken wir das abgekühlte Gestein durch Überlagerung von Deckschichten erneut in etwas größere Tiefen der Erdkruste. Aus dem Bereich der alten Förderkanäle aus dem Ursprung unseres Teiges lassen wir nun heiße mineralreiche Wässer, die Geologen als Hydrothermen bezeichnen, aufsteigen und auf Abkühlungsrissen den Andesit durchziehen. Wenn wir Glück haben, können wir durch mehrfache geringfügige Änderungen des Chemismus und der Temperatur in den Hohlräumen der Gasblasen die Bildung von Achaten bzw. von Kristalldrusen mit Bergkristall oder Amethyst erreichen. In diesem Fall der Gesteinsbildung spricht man auch von Mandelstein (vgl. Abb. 118).

Abb. 118 Andesit mit teilweise verfüllten Gasblasen. Größter Durchmesser 18 cm

Dazu gehören allerdings viel Fingerspitzengefühl, Übung und Erfahrung.

Teilweise werden kieselsäurearme Vulkanite der jüngeren Erdgeschichte und der Gegenwart als Basalte, die aus der älteren Erdgeschichte dagegen als Andesite (Melaphyre) bezeichnet. Sie sind vielfach nicht voneinander abgegrenzt oder definiert.

Die Nordflanke des Aulheimer Tals bei Flonheim-Uffhofen besteht weitgehend aus Andesit (vgl. Abb. 159). Ebenso die Umgebung der Villa Heiligenblut im Osten von Weinheim sowie der Sybillenstein im Westen des Alzeyer Ortsteils. Beim Bau der A 63 zwischen Alzey und Heimersheim wurde Andesit großflächig angeschnitten.

Verwendung:

Vorwiegend als Straßenschotter und als Auffüllmaterial.

Rhyolith

In früheren Zeiten war dieses magmatische Gestein (Abb. 119) als Porphyr bzw. Quarzporphyr bekannt. Das Gestein ist charakterisiert durch ein porphyrisches Gefüge, was im geologischen Sprachgebrauch bedeutet, dass in einer enorm feinkörnigen Grundmasse einzelne größere Kristalle entstanden sind. Allerdings weisen auch andere magmatische Gesteine eine porphyrische Zusammensetzung auf. Daher hat man sich in geologischen Kreisen entschlossen, die Gesteinsbezeichnung Porphyr in Rhyolith umzubenennen, was übersetzt in etwa „Fließstein" bedeutet.

Die Zutaten für Rhyolith entsprechen im Wesentlichen der Zusammensetzung des Granits.

Für die Herstellung von 100 t Rhyolith benötigen wir an Zutaten:

- **65 t Feldspäte (vgl. Abb. 111)**
- **30 t Quarz (vgl. Abb. 109 und 110)**
- **5 t Glimmer (z. B. Biotit) (vgl. Abb. 112)**
- **nach Belieben eine Prise Erze**

Zubereitung:
Im Gegensatz zum Granit, der lange Zeit in großer Tiefe der Erdkruste reifen muss, um weitestgehend auszukristallisieren, lassen wir das Magma aber lediglich so lange aufschmelzen, bis erste Kristallisationskeime entstehen. Tief reichende Klüfte in der Erdkruste ermöglichen dem glutflüssigen Magma den Aufstieg in die obere Erdkruste und damit in den Bereich der Sedimente.
Eine vergleichbare Situation fand vor rund 290 Millionen Jahren in der Region des heutigen Donnersbergs (vgl. Abb. 7) statt und etwa zeitgleich am Rheingrafenstein und am Rotenfels bei Bad Kreuznach (vgl. Abb. 52). Hierbei handelt es sich um den Kreuznacher Rhyolith-Dom, in den sich die Nahe im Laufe der Anhebung der Mittelgebirge eingeschnitten und den ursprünglichen Komplex zweigeteilt hat.
Hier wie dort drangen heiße rhyolithische und damit zähflüssige Schmelzen in die Erdkruste ein und hoben deshalb die überlagernden Schichten an. Einzig bei Neu-Bamberg gelangte das glutflüssige Gestein an die Erdoberfläche und floss als Lava über die Region bis in den Bereich des heutigen Steigerbergs (vgl. Abb. 66). Die im Laufe der Erdgeschichte von Verwitterung und Abtragung verschonten Härtlinge wurden bei der Überflutung vor rund 30 Millionen Jahren zu Inseln und sind auch noch in der Gegenwart Bestandteile der Landschaft.
Rhyolith ist das prägende, landschaftsbildende Gestein zwischen Wendelsheim und Bad

Abb. 119 Rhyolith mit winzigen Einsprenglingen von Feldspat (hell) und Quarz (dunkel). Glimmer sind vielfach nur mit der Lupe zu identifizieren. Breite 17 cm

Kreuznach. Es sind die rundlichen Formen, die der Region ein unverwechselbares Erscheinungsbild verleihen. Und zudem wird der Wein geprägt von den Geländeformen und vom Gestein im Untergrund.
Rhyolith ist ein charakteristisches Gestein auf dem Küstenweg Rheinhessen, sowohl am Strandpfad der Sinne bei Eckelsheim als auch am Inselrundweg zwischen Siefersheim und Neu-Bamberg.

Verwendung:
Derzeit vorwiegend als Schotter im Straßen- und Wegebau sowie als künstlicher Mauerstein. Früher fand Rhyolith hauptsächlich Verwendung als Naturwerkstein zum Haus- und Mauerbau (Ortskerne von Siefersheim, Neu-Bamberg, Eckelsheim (vgl. Abb. 54), Wöllstein und Gau-Bickelheim).
Die beschriebenen Rezepturen eignen sich speziell für den kurzfristigen Bedarf dieser geochemisch unterschiedlichen Vulkanite Andesit und Rhyolith.

Aus dem Kochzentrum Magmenkammer

Wer hingegen etwas mehr Zeit von wenigen Tausend bis etwa Zehntausend Jahren zu investieren beabsichtigt, kann aus einem einzigen Magmenreservoir (Abb. 120) mehrere magmatische Gesteine erzeugen.
Vor etwa 100 Jahren bestanden noch kontroverse Vorstellungen über die zeitliche Abfolge zwischen Andesit (= Melaphyr) und Rhyolith (= Porphyr bzw. Quarzporphyr). Schopp (1913: 30 f.) erkannte bei seinen Geländeuntersuchungen bereits, dass der Andesit (Melaphyr) an der Heerkretz bei Wonsheim von Rhyolith (Quarzporphyr) überlagert wird und damit das ältere magmatische Gestein darstellt.
Aus heutiger Sicht können sowohl das Gestein Andesit wie auch Rhyolith von der Heerkretz aus demselben Magmenreservoir stammen. Zum Verständnis und zum Nachkochen lesen Sie hier die unten angefügte Anleitung.
Das ist aber noch nicht alles. Das Kochzentrum Magmenkammer bietet weitaus mehr als kurzgebratene Vulkanite wie Andesit oder Rhyolith oder Backofengerichte wie Granit (vgl. Abb. 124). Eine solche Magmenkammer liegt vermutlich unter der Eifel. Sicher hingegen besteht eine Magmenkammer unter den Phlegräischen Feldern mit der Stadt Pozzuoli im Zentrum nördlich von Neapel. Der Vesuv liegt am Südrand einer ausgedehnten Caldera, so nennen Geologen eine riesige Einbruchszone nach einer heftigen Eruption. Auch der Yellowstone Park ist eine gigantische Caldera über einer Magmenkammer.

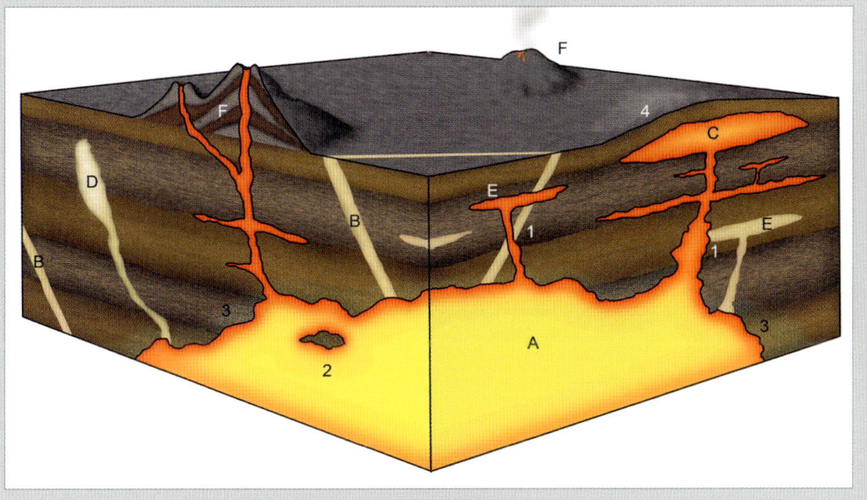

Abb. 120 Grafische Darstellung einer Magmenkammer und ihren unterschiedlichen Produkten magmatischen Ursprungs

Im Einflussbereich von Magmenkammern bilden sich nicht nur magmatische Gesteine wie Andesit und Rhyolith. Hier können zusätzlich Soufflés wie Tuffe oder Trass und auch Bims entstehen. Sogar Rauchwaren wie Fumarolen können hier kreiert werden.

An der Grenze vom oberen Erdmantel zur kühleren Erdkruste wird der Aufstieg verlangsamt. Hier entsteht ein Magmenreservoir bzw. eine Magmenkammer. Beachten Sie, dass es sich darin nicht um eine einheitliche glühende Gesteinsschmelze handelt, sondern um besonders heiße und dünnflüssige Bereiche und gleichzeitig um weniger heiße und damit etwas zähflüssigere Zonen. Sobald sich die Temperaturen nur wenig abkühlen, beginnen sich in der Gesteinsschmelze bereits kieselsäurereiche Minerale auszubilden und in den unteren Teil des Reservoirs abzusinken. Leichtere Bestandteile der Schmelze schwimmen obenauf.

Der Druck auf das Magmenreservoir unter der Erdkruste ist so weit erhöht, dass sich die leichtere Gesteinsschmelze über tief reichende Risse einen Weg an die Oberfläche bahnen muss. Zunächst werden vulkanische Aschen und gasreiche Schmelzen in Form von Spalteneruptionen mit spektakulären Feuerfontänen ausgestoßen. Lässt der Druck nach, fließen dünnflüssige Lavaströme aus. **Andesit entsteht**.

Damit ist der erste Druck auf das Magmenreservoir zunächst abgebaut.

Doch allmählich steigt infolge seitlicher Einengung im Erdmantel der Druck auf das Magmenreservoir erneut. Das restliche Magma durchbricht als glühende Masse die Erdkruste, hebt wie in einem überdimensionalen Maulwurfshügel die darüber lagernden Gesteine an oder wälzt sich als zähfließende glühende Masse über die Landschaft. **Nun entsteht Rhyolith**.

Geschehen sind diese Vorgänge vor 290 Millionen Jahren am Donnersberg (vgl. Abb. 7), am Rheingrafenstein und am Rotenfels (vgl. Abb. 52) als Intrusion oder als Lavastrom zwischen Fürfeld (südöstlich des Rheingrafensteins) und dem Steigerberg bei Eckelsheim (vgl. Abb. 66).

Allerdings ist mit diesen vulkanischen Gesteinen das Potenzial der Magmenkammern noch lange nicht erschöpft (vgl. Abb. 120). Die Erde kennt keine streng festgelegten Rezepturen. Daher bereitet die Zuordnung von Gesteinen in die von uns Geologen bestimmten Kategorien zuweilen Probleme. Außerdem entstehen aus Magmenkammern nicht ausschließlich Vulkanite, sondern in gleichem Maß auch Plutonite (Tiefengesteine) wie bspw. Granit. Sobald die Zufuhrkanäle an der Erdoberfläche erstarrt sind, sucht sich das unter Druck stehende Magma Wege in tiefere Zonen der Erdkruste. Dort bleiben die Temperaturen derart hoch, dass die glühende Gesteinsschmelze so lange flüssig bleibt, bis darin alle Moleküle auskristallisiert sind.

SOUFFLÉS

Die Rezepte dieser Kategorie entstammen der „Küche“ des Vulkanismus.

Vulkanische Tuffe

Zutaten:

- **ein Vulkankrater oder auch eine Caldera, deren Magmenkammer unter Druck- und Temperaturerhöhung aus dem Erdinnern kurz vor der Eruption steht (vgl. Abb. 120)**
- **eine mittlere bis kleinere Menge magmatischer Gase (wenige Kubikmeter Anteile)**

Um Verwechslungen mit dem ähnlich lautenden Begriff Kalktuff zu vermeiden, schlage ich vor, lediglich feinkörnige vulkanische Auswurfsmassen (auch Pyroklastika oder Tephra genannt) als Tuffe (Abb. 121) zu bezeichnen. Für poröse kalkige Sedimente sollte man stattdessen besser die Bezeichnungen Kalksinter oder Travertin (s. o.) verwenden.

Die mineralogische Zusammensetzung des Magmas liegt in Ihrem Ermessen: Für helle Tuffe verwenden Sie eher ein rhyolithisches und damit kieselsäurereiches Magma, für dunkle Tuffe eine eher andesitische und damit kieselsäurearme Zusammensetzung der Schmelze.

Abb. 121 Verfestigter Rhyolith-Tuff aus den Weinbergen von Alzey-Weinheim. Höhe des Steins etwa 25 cm

Zubereitung:
Lassen Sie aus dem Erdmantel heiße Gesteinsschmelzen aufsteigen, die sich unter der Erdkruste in einer Magmenkammer anreichern. Erhöhen Sie allmählich den Druck und die Temperatur in der Magmenkammer. Nun arbeiten Sie mit einem überdimensionalen Schneebesen in rascher Folge die magmatischen Gase in das glühende Magma ein, bis es eine gleichförmige Masse bildet. Anschließend erhöhen Sie kurzfristig Temperatur und Druck so schnell, bis sich eine hoch in die Atmosphäre aufsteigende Eruptionssäule bildet. Jetzt nehmen Sie Druck und Temperatur in der Magmenkammer zurück, denn Sie wollen ja verhindern, dass zusätzlich Lava ausfließt. In der Atmosphäre kühlen die feinen Ascheteilchen ab und sinken auf die Erdoberfläche. So können sich mehrere Meter dicke feinkörnige Vulkanaschen anreichern. Benötigen Sie verfestigte Varianten,

Abb. 122 *Maare der Vulkaneifel*

geben Sie Niederschläge auf die noch heißen Aschen. Dieser Prozess kann aufgrund der chemischen Reaktion des Regenwassers mit der noch heißen Vulkanasche eine Verfestigung des ursprünglichen Lockermaterials hervorrufen.

Ein Maar

Zutaten:

- **kontinentale Kruste**
- **aufsteigendes Magma**
- **tief reichende Klüfte**
- **ausreichend Oberflächenwasser (Fluss-, See- oder sonstiges Wasser)**

Zubereitung:

Für ein anderes Rezept aus dieser Kategorie lassen wir unter einer kontinentalen Kruste, bestehend aus sedimentären bzw. metamorphen Gesteinen entlang einer tief reichenden Kluft, durch Druck- und Temperaturerhöhung Magma zur Erdoberfläche aufsteigen. Die Kluft weitet sich bei diesem Prozess. Entsprechend der Vorstellung von Prof. Volker Lorenz (freundl. mündl. Mitt.) lassen wir nun von der Erdoberfläche her gleichzeitig das Wasser eines Sees oder Flusses in die sich weitende Kluft einsickern. Alternativ verwenden Sie einen Wolkenbruch. Nach relativ kurzer Zeit treffen Magma und Wasser aufeinander. Eine hochexplosive Wasserdampfexplosion reißt einen Sprengtrichter in Richtung Erdoberfläche und zerbirst das überlagernde Gestein in die Atmosphäre. (Erklärung: Miniaturexplosionen kennen wir, wenn ein Wassertropfen zwischen die heiße Kochplatte und den Boden des Kochtopfs gerät.) Schalten wir unmittelbar nach der Explosion die Temperatur- und Druckregler aus. Damit wollen wir einen anschließenden Austritt von Lava vermeiden. Um den Sprengtrichter herum hat sich inzwischen im Umkreis von einigen 10 bis 100 m ein Wall aus zersprengten Gesteinsfragmenten der Oberfläche gebildet. Innen sind sie grob- und nach außen allmählich immer feinkörniger. Vereinzelt wirkt der Wall ähnlich wie ein Kaffeefilter, der verhindert, dass gröbere Sedimente in den Aussprengtrichter eingetragen werden. Feinkörnige Sedimente im Millimeterbereich bilden auf dem Seegrund in Verbindung mit dem Windeintrag (Pollen und Sporen) jahreszeitlich hochauflösende Dokumente des jeweiligen Klimas der Region. Manchmal queren auch Bäche ein Maar. Dann werden sogar Hochwasserereignisse als etwas grobkörnigere Sedimente in den Feinlagen erkennbar. Nun benötigen wir ein wenig Geduld. In wenigen Tausend Jahren wird sich in dem kreisrunden Krater ein See entwickelt haben, in dem sich Jahr für Jahr feines Sediment bildet, welches die klimatischen Verläufe über Tausende Jahre hinweg dokumentiert. Ein Klimaarchiv par excellence!

Ein Maar ist entstanden, wie wir es aus der beindruckenden Region der Vulkaneifel kennen. Nicht in geringerem Ausmaß vergleichbar mit der Fossillagerstätte der Grube Messel, die vor geraumer Zeit als UNESCO-Weltnaturerbe ausgewiesen wurde (vgl. Abb. 61 und 122).

Eifelvulkanismus

Der Eifelvulkanismus wird von einigen Vulkanologen mit der Existenz eines sog. Hotspots erklärt. Andere Experten hingegen sehen keine typischen Merkmale für einen solchen Herd. Ich könnte mir durchaus die Überlagerung einer Magmenkammer im Einfluss der Fernwirkung der Alpen vorstellen. Es ist inzwischen unzweifelhaft, dass der Oberrheingraben in Zusammenhang mit der Gebirgsbildung der Alpen entstanden ist. Durch den Druck aus Süden heben sich die Alpen bis in die Gegenwart unverändert. In gleichem Maß senkt und dehnt sich der Graben fast unmerklich. Außerdem finden zwischen den Grabenflanken Horizontalverschiebungen statt. Die östliche Flanke mit Schwarzwald und Odenwald verschiebt sich relativ nach Norden. Pfälzerwald und Vogesen verschieben sich hingegen relativ nach Süden. Von der jeweiligen Flanke aus gesehen verschiebt sich die gegenüberliegende nach „links". Geologen sprechen von einer „Sinistralen Blattverschiebung". Diese sinistralen Bewegungen müssen sich unweigerlich auf die Masse des sich nach Norden anschließenden Rheinischen Schiefergebirges mit einer Tendenz gegen den Uhrzeigersinn auswirken. Dabei können bspw. tief reichende Klüfte (Störungen) in der Erdkruste geöffnet oder geschlossen werden. Das Aufreißen des Nordatlantiks seit dem frühen Tertiär trägt außerdem zu einer gewissen Spannungsentlastung der mitteleuropäischen Erdkruste bei.

Hot Spot

Der Vorstellung nach handelt es sich bei einem Hot Spot (Abb. 123) um ein heißes Areal im Oberen Erdmantel, das permanent von aufsteigendem Material aus der Grenze Erdkern/Erdmantel gespeist wird. Vermutlich existieren sowohl stationäre Hot Spots als auch mobile Versionen.

Lassen Sie überhitztes Magma aus dem Übergangsbereich Erdkern/Erdmantel nach außen aufsteigen. Es ist die einzige Möglichkeit, diese enormen Temperaturen abzuleiten. Dieses Magma schweißt sich durch die Erdkruste bis an die Oberfläche.

Ein Hot Spot befindet sich bspw. unter der Hawaii-Kette im Pazifik. An dieser Stelle hat heißes Magma die pazifische Krustenplatte durchschweißt und baut am Ozeanboden zunehmend einen Vulkankegel auf, der letztendlich die Meeresoberfläche durchbricht und zu einer vulkanischen Insel wird. Gleichzeitig bewegt sich die pazifische Erdkrustenplatte in Richtung Nordwesten über den Hot Spot hinweg. Daher reißt nach einer gewissen Zeit der Förderkanal (die „Nabelschnur") ab. Der Vulkan erlischt und die Insel versinkt infolge der Abkühlung unter die Meeresoberfläche. Gleichzeitig wachsen Saumriffe aus Riffkorallen an die Meeresoberfläche und bilden mit der Zeit ein Atoll. Der Hot Spot schweißt sich im Laufe der Zeit unter der weitergewanderten Krustenplatte erneut durch die basaltische Kruste und bildet auf dem Meeresboden einen neuen Vulkan, aus dem irgendwann eine neue Insel entsteht.

Ein weiterer Hot Spot liegt unter den Kanarischen Inseln, über die sich die Afrikanische Kontinentalplatte nach Nordosten hinwegbewegt. Die Inseln sind vulkanischen Ursprungs.

Das vermutlich eindrucksvollste Beispiel ist der Yellowstone Nationalpark in den USA. Ein Naturdenkmal mit gigantischem Potenzial. Die gelbe Farbe der Steine bildet elementarer Schwefel, der sich infolge der heißen Gasaustritte auf dem kühleren Gestein ablagert.

Unverfestigte Tuffe lassen sich zur Verbesserung von Pflanzerden für Garten und Balkon sowie zur Lockerung und Verbesserung (Meliorisierung) schwerer landwirtschaftlicher Böden verwenden. Sie sind sicherlich auch zur Sanierung von Weinbergsflächen geeignet, die zur Ausbildung von Chlorose neigen.

Tuffsteine sind häufig infolge von frühzeitigen Niederschlägen, die mit den noch heißen Komponenten kurzfristig reagieren oder längerfristig durch die Reaktion mit oberflächennahen Grundwässern, verfestigt. Bereits seit der Römerzeit bis in die Gegenwart sind Tuffsteine vielseitig verwendete Naturwerksteine.

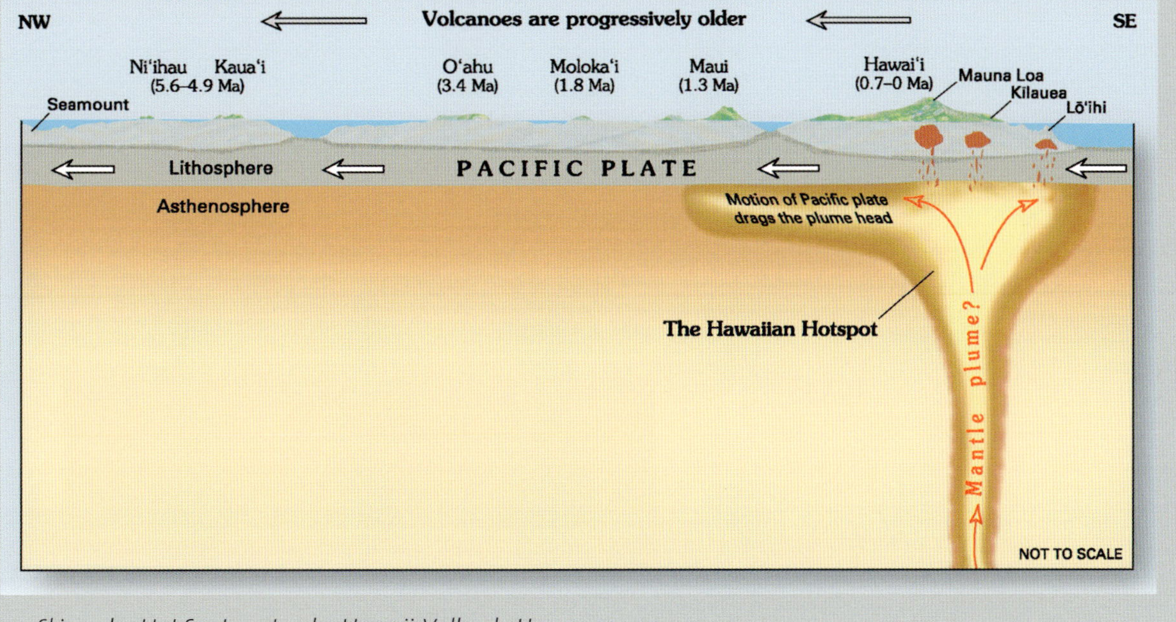

Abb. 123 Skizze des Hot Spots unter der Hawaii-Vulkankette

BACKOFENGERICHTE

Granit

Zutaten für etwa 100 t Granitgestein:

- **65 t gemischte Feldspäte**
- **25 t Quarz**
- **9,5 t Glimmer, nach Belieben Muskovit (silber) oder Biotit (schwarz)**
- **nach Geschmack eine Prise (ca. 0,5 t) Eisen bzw. Apatit und weitere farbgebende Elemente und Moleküle**

Zubereitung:
Nach Wunsch lassen sich die Farbe aufgrund der Auswahl der Feldspäte und die Körnigkeit der Komponenten durch die Dauer des Backvorgangs beeinflussen: Je länger der Teig im Backofen flüssig verbleibt, umso größer werden die Kristalle in der glühenden Grundmasse.

Die Zutaten geben wir zunächst in eine Magmenkammer, die sich in einer Tiefe von etwa 15 km in der unteren Erdkruste befindet. Bei den hohen Temperaturen von mindestens 1.200 °C schmelzen die Zutaten rasch auf und es entsteht eine sämige Masse. Geologen sprechen von Magma. Wir lassen sie unter dem Deckel der oberen Erdkruste einige Tausend Jahre ziehen. Erste winzige Kristalle bilden sich und nach den

Abb. 124 Granit und seine Hauptbestandteile. Durchmesser des Granitgerölls etwa 15 cm

Abb. 125 Granit von Land's End, Cornwall. Bildbreite etwa 60 cm

Regeln der Kristallgitter beginnen sie zu wachsen. Bevorzugen Sie feinkörnigen Granit, lassen Sie ihn in die obere Erdkruste aufsteigen und abkühlen. Grobkörnigen Granit (Abb. 125) erzeugen wir, wenn wir ihn so lange in größeren Tiefen belassen, bis alle Moleküle der Grundmasse einen Platz in den jeweiligen Kristallgittern der unterschiedlichen Minerale gefunden haben. Danach lassen wir die Masse nahe an die Erdoberfläche aufsteigen und abkühlen. Fantastische Gesteine können entstehen.
Granitvorkommen gibt es in Rheinhessen nicht. Da müssen wir nach Edenkoben in der Pfalz fahren. Die Weinberge unterhalb der Villa Ludwigshöhe werden geprägt von verwitterten Granitböden. Im nördlich davon gelegenen Triefenbachtal besteht noch ein alter Granitsteinbruch, der inzwischen nahezu völlig zugewachsen und damit unzugänglich ist.

Verwendung:
Naturwerksteine für Gebäude jeglicher Art, Boden- und Wandplatten für Fassaden, Treppenhäuser, Fensterbänke, Arbeitsflächen für Küchen, Auskleidungen von Bädern, Randsteine zwischen Gehwegen und Straßen, Pflastersteine in Fußgängerzonen, Statuen und Ornamente. Der Fantasie sind fast keine Grenzen gesetzt.

Sandstein

Zutaten:

- **altes, verwittertes quarzhaltiges Ausgangsgestein wie z. B. Granit, Gneis (vgl. Abb. 108) oder ein alter Sandstein, nach Belieben**
- **Wasser zum Auswaschen der verwitterten Gemengeteile wie Tone und Glimmer sowie Wasser- bzw. Windtransport zum Sortieren der Quarzkörner nach gewünschter Korngröße**
- **große Senken unter meist heißen Klimaverhältnissen der Halbwüsten und Wüsten**
- **wässrige Lösungen mit gelöster Kieselsäure oder gelöstem Kalk als späteres Bindemittel (Zement) des Sandsteins**

Zubereitung:
Anstelle eines alten Brötchens in einem herkömmlichen Kochrezept verwenden wir zur Zubereitung eines klassischen Sandsteins am besten alte, verwitterte quarzreiche Gesteine aus einem kontinentalen Gebirge. Besonders dafür geeignet sind Granite, Gneise, Arkosen und insbesondere auch mürbe Sandsteine. Infolge der Erosion dieser verwitterten Gesteine lösen sich unbeständige Minerale leicht auf, sodass Sie die widerstandsfähigeren Quarzkörner durch den Transport mithilfe eines Baches oder Flusses anreichern und gut sortieren können.

Beispiel: Flonheimer Sandstein
Wir wählen am besten eine Senke aus stark verwitterten Gesteinen in einer Halbwüste mit trocken-heißem Klima. Hin und wieder lassen wir Unwetter aufziehen. Die Wassermassen werden in Hangeinschnitten zu reißenden Bächen und stürzen zu Tal. In der Senke verlangsamt sich die Fließgeschwindigkeit allmählich. Im tiefsten Bereich bildet sich nun ein See, in dem die Bäche ihre Fracht an Geröll und Sand ablagern.

Abb. 126 Flonheimer Sandstein mit dezenter Bänderung. Breite des Steins 12 cm

Anfangs ist das Wasser durch die eingeschwemmten Tonminerale noch trüb. Nach wenigen Tagen haben sich auch die Tontrübe abgesetzt und das Wasser ist wieder klar. Zuweilen kann der See sogar austrocknen. Nach wenigen Jahren lassen wir erneut starke Regenfälle über die Region ziehen. Wieder reißen die Wassermassen Sedimente mit sich und lagern sie über dem früheren Seeboden ab. Am Ende bildet sich erneut eine Schicht aus tonigen Ablagerungen. Über Tausende von Jahren lassen wir auf diese Weise die Senke auffüllen. Durch die Auflast weiterer Sedimente in Verbindung mit mineralreichen Grundwässern lassen wir ursprünglich lockere Sandkörner verkitten. In gleichem Maß werden Tone zu Tonsteinen. Diese Abfolgen können wir in den alten Steinbrüchen im Osten und Süden von Flonheim in eindrucksvoller Weise entdecken.

Verwendung:
Nach einer Reife von mehreren Millionen Jahren können wir diese Sedimente je nach Qualität als Naturwerksteine für repräsentative Bauwerke wie Wohnhäuser, Rathäuser, Kirchen und Burgen, aber auch ganz einfach für landwirtschaftliche Gebäude und Weinbergsmauern nutzen. Zahlreiche Beispiele finden wir in Flonheim, in Alzey, an vielen anderen Orten in Rheinhessen und sogar im Kölner Dom.

Kalkstein

Zutaten:

- **gelöstes $CaCO_3$ (Kalziumkarbonat = Kalk)**
- **Süß- bzw. Salzwasser in Form eines Sees oder Flachmeeres**
- **optimal ist eine Küstenregion mit kalkhaltigen Gesteinen**

Zubereitung:
Man löst Kalkgestein (z. B. von der Schwäbisch-Fränkischen Alb, aus den Nördlichen Kalkalpen, vom Mainzer Becken oder aus anderen Regionen mit mächtigen Kalksedimenten) durch Zugabe von kohlensäurehaltigem Niederschlagswasser auf, wobei als Nebenprodukt eindrucksvolle Verkarstungserscheinungen wie Dolinen und Tropfsteinhöhlen entstehen können. Dieses kalkhaltige Wasser lassen wir in Form von Quellen mit dem CO_2 der Atmosphäre oder dem Einleiten in Süßwasserseen oder in Flachmeerbereichen mit dem gelösten CO_2 des Meerwassers reagieren.
Wenn Sie die Version Quellaustritte bevorzugen, verweise ich auf das Rezept Kalksinter (Travertin) in der Rubrik Vorspeisen.
Für die Herstellung von klassischen dichten Kalksteinen benötigen wir eine subtropische bis tropische Flachmeerregion.
Vom Festland aus lassen wir kalkhaltiges Wasser in das Flachmeer oder in den Süßwassersee einleiten. In der Regel enthält Meerwasser bereits einen gewissen Anteil an Kalzium- und Hydrogenkarbonat-Ionen. Mit der Einleitung von kalkhaltigem Wasser beschleunigen wir jedoch zusätzlich die Kalksteinbildung. Im temperierten Meerwasser beginnt die Ausfällung von Kalkschlamm als rein chemischer Vorgang.
Der Ablauf ist vergleichbar mit der unliebsamen Kalkausfällung in Kaffeemaschinen, Wasserkochern, Waschbecken, Badewannen und Waschmaschinen. Feinkörniger Kalkschlamm flockt aus dem Wasser

Abb. 127 Kalksteinabfolge aus der Weißjura-Zeit bei Nördlingen

aus und sinkt auf den See- bzw. Meeresboden. Bei Stillwasserverhältnissen bildet sich Lage für Lage und bewirkt eine gewisse Schichtung. Je mehr Lagen sich übereinander bilden, desto mehr Druck entsteht auf die unterlagernden Schichten, die sich mit der Zeit verdichten und allmählich versteinern. Bei einigen 10 bis 100 m dicken Überlagerungen entstehen mit der Zeit Kalksteine (vgl. Abb. 127).
Für rein weiße Kalksteine vermeiden Sie eine Verunreinigung mit Eisenlösungen. Sorgen Sie stattdessen für optimale Sauerstoffzufuhr. Beige, gelbliche oder braune Kalksteine erhalten Sie durch Zugabe einer mittleren bis höheren Prise an Eisen- und Manganmolekülen.

Zutaten:

- **eine wenig strukturierte Lagune**
- **Meerwasser, das zunehmend von Süßwasser verdünnt wird**
- **lagenweise mehr oder weniger reiner Kalkschlamm im Wechsel mit einer Kalk-Mergel-Ton-Mischung**
- **Kalkalgen und Bakterien**
- **Gehäuse von Schnecken und Muscheln vorwiegend aus Brackwassermeeren**
- **immer wieder eine Handvoll winziger Gehäuse von Wattschnecken der Gattung *Hydrobia* sp.**

Variation Rheinhessische Lagunenkalke

Mengenangaben sind nicht erforderlich, da die Kalksteine je nach Schichtung und Fossilinhalt unterschiedlich zusammengesetzt sind.

Zubereitung:
Zur Entstehung Rheinhessischer Lagunenkalke verwenden wir Kalkschlammbildungen in 24 bis 20 Millionen Jahre altem lichtdurchflutetem subtropischem Flachwasser. Geben wir in Hochzonen um 2 bis 3 m Wassertiefe Kalkalgen hinzu, welche massige Algenriffkalke bilden, die an versteinerten Blumenkohl (vgl. Abb. 170) erinnern.
Für geschichtete Rheinhessische Lagunenkalke benötigen wir flache, nur wenig tiefere, vor Wellenbewegung geschützte Meeresböden, in denen reiner Kalkschlamm im Wechsel mit tonhaltigem Kalkschlamm

ausfällt. Garnieren können wir diese Lagen nach Belieben mit einer Auswahl an eingeschwemmten Landschneckengehäusen, mit Miesmuschelschalen, kleinen Dreiecksmuscheln, großen flachen Schinkenmuscheln oder schichtweise angereicherten Schalen der Körbchenmuschel der Gattung *Falsocorbicula* sp. (früher Corbicula) (Abb. 128). Im höheren Teil sollten winzige Wattschnecken bevorzugt eingestreut werden.
Lassen wir in einigen Bereichen der subtropischen Lagune stärkere Wellenbewegung zu, dann bilden sich auf dem flachen Meeresboden massenhaft winzige Kügelchen aus Kalkschlamm (vgl. Abb. 80). Mit der Aktivität von Bakterien werden Sandkörnchen und Schalenbruchstücke lagenweise umhüllt. Infolge der Überlagerung von weiteren Sedimenten verdichtet sich der ursprünglich lockere Schlamm zu Kalkstein.

Verwendung:
Naturwerksteine zum Bau von Gebäuden, Mauern, Kirchen, Burgen und Schlössern sowie Pflastersteinen.
Außerdem das Brennen von Kalksteinen zur Herstellung von Branntkalk und Löschkalk als Bestandteil von Mörtel sowie zur Zementherstellung, bspw. für Schäfte von WEA (Wind-Energie-Anlagen), in der Umgangssprache „Windräder".

Abb. 128 Kalkstein mit Schalen von Falsocorbicula faujasii *im Steinbruch Mainz-Weisenau*

Variation Alzeyer Cyrenenkalk

Zutaten:

- **flache Küstenregion mit subtropischem Klima im Brackwasser**
- **gelöster Kalk aus Bächen**
- **massenhaft Spitzkegelschnecken der Art *Mesohalina margaritacea* und der Muschel *Polymesoda subarata***
- **reichlich kalkausfällende Bakterien**
- **optimale Lebensbedingungen in einem Brackwassermeer**

Zubereitung:
Wir wählen die flache Küste einer Halbinsel im subtropischen Brackwassermeer, wie sie vor rund 27 Millionen Jahren im Mainzer Becken westlich von Alzey bestanden hat.
Dort bieten wir den im Brackwasser spezialisierten Muscheln und Schnecken optimale Lebensbedingungen, sodass ihre Schalen und Gehäuse in Massen den Kalkschlamm bedecken. Im übrigen Mainzer Becken entstehen zur gleichen Zeit die weitverbreiteten tonig mergeligen Sedimente der Elsheim-Formation (früher Cyrenenmergel) (vgl. Abb. 77).
Zwischenzeitig müssen wir jedoch dafür sorgen, dass die Gehäuse nicht schichtparallel in das Sediment eingebunden werden. Wir benötigen stattdessen einen durchmischten dickbankigen Kalkstein. Daher lassen wir zuweilen Stürme aufziehen, bei denen die Brandung die Kalkschlammablagerungen kräftig durchmischen. Wenn es sein muss, lassen wir sogar einen Tsunami die Küste aufmischen. Danach liegen Gehäuse der Spitzkegelschnecken und die Klappen der Muschelschalen kreuz und quer im Kalkschlamm. Mit dem Druck der überlagernden Schichten wird aus Kalkschlamm Kalkstein. Mit anschließend einsickerndem Niederschlagswasser lassen wir den organisch gebildeten Kalk der Muschel- und Schneckenschalen auflösen. Die Abdrücke innen und außen bleiben im umgebenden Kalk erhalten. Inzwischen ist daraus ein ganz charakteristischer Kalkstein entstanden, der ausschließlich im Westen von Alzey vorkommt (vgl. Abb. 77).

Verwendung:
Im bergfeuchten Zustand gebrochen, sind solche Kalksteine relativ gut zu bearbeiten. Sind sie jedoch getrocknet, weisen sie eine außerordentliche Festigkeit gegen Umwelteinflüsse auf. Besonders im Alzeyer Stadtteil Heimersheim und im Stadtgebiet von Alzey selbst sind sie als Naturwerksteine zu entdecken. Als kalkige Sockelwerksteine sind sie erstaunlicherweise den „Flonheimer Sandsteinen" in ihrem Verwitterungsverhalten deutlich überlegen. Ein Spaziergang in der Weinheimer Landstraße in Alzey macht diese Tatsache offensichtlich.
Auffallend häufig wurde Cyrenenkalk allgemein im Sockelbereich des Alzeyer Schlosses verbaut (vgl. Abb. 78).

Oberjura-Kalke der Schwäbisch-Fränkischen Alb

Garnieren können wir unseren küstenfernen Kalkstein, wenn wir während der Entstehung in der Oberjura-Zeit vor rund 150 Millionen Jahren die damaligen Muschelschalen, Schnecken- und Ammonitengehäuse

und Schwämme in den Kalkschlamm eines tropischen Flachmeeres einstreuen. Infolge der Überlagerung von weiteren Schichten versteinern die Kalksedimente (vgl. Abb. 127).
Mit der Zugabe einer Messerspitze an Eisenmolekülen erhalten wir beige oder gelbliche Kalksteine, die als sog. Treuchtlinger Marmor (Handelsname für einen schleif- und polierfähigen Kalkstein) als Fensterbänke oder in Treppenhäusern vielfach Verwendung finden oder als Bodenplatten in Shoppingcentern bspw. in Speyer wie auch in Karlsruhe genutzt werden.

Solnhofener Plattenkalke

Zubereitung:
Für eine besonders exklusive Version reduzieren wir die Prise an Eisenmolekülen ein wenig. Stattdessen geben wir je nach Geschmack ein paar Schweb-Crinoiden (im Meerwasser schwebende „Seesterne") aus dem Oberen Jura, ein paar Ammonitenschalen, hin und wieder ein paar Shrimps oder in der Exklusiv-Version ganz vereinzelt einen kleinen Flugsaurier, einen hühnergroßen zweibeinigen Saurier (*Compsognathus longipes*) oder für die Haute Cuisine einen Urvogel (*Archaeopteryx lithographica*) in den feinen Kalkschlamm. Mit der Zugabe einer Messerspitze Mangan bilden sich entlang von feinen Rissen moosähnliche, an Eisblumen erinnernde Ausfällungen, die dem Kalkstein floreale Ornamente verleihen. Dendriten in der Fachsprache. Auch in dieser Version ist eine Versteinerung des Kalkschlamms durch die Überlagerung von mindestens einigen zehnermeterdicken Gesteinsstapeln erforderlich. Und die notwendige Zeit.

Abb. 129 Steinbruch in den Solnhofener Plattenkalken

Verwendung:
Ähnlich wie die Kalkstein-Varietät „Treuchtlinger Marmor" findet der Solnhofer Plattenkalk vielfach für Wandverkleidungen und Bodenplatten Verwendung, darunter fällt auch die regionale Nutzung als Dachziegel. Besondere Bedeutung erlangte der sehr feinkörnige, dünn spaltbare Kalkstein nach 1796 durch Alois Senefelder mit der Erfindung der Lithografie als Flachdruckverfahren.

EINTÖPFE

Zwischenzeitlich möchte man neben ausgefallenen Gerichten auch mal was Deftiges mit groben Zutaten. Dafür bieten sich Breccien und Konglomerate an. Sie könnten die Rezepturen wider Erwarten durchaus als außergewöhnlich deliziös empfinden.

Breccie

Eine Breccie (gesprochen „Breckzie") besteht aus groben eckigen Bestandteilen, die durch ein feinkörniges Bindemittel verbunden sind. Dabei ist es unerheblich, ob die Zutaten aus einem einzigen Gesteinstyp bestehen oder bunt gemischt sind. Eine Breccie aus einem Gesteinstyp muss nicht unbedingt langweilig sein, sondern kann als Wandverkleidung in Treppenhäusern oder Bädern ein außerordentlich edles Erscheinungsbild ergeben. Beispiel: Carrara-Marmor.
Je nach Belieben kann eine Breccie andererseits auch aus bunt gemischten Gesteinsbruchstücken zusammengesetzt sein. Diese Version eignet sich recht gut für Wandverkleidungen im Außenbereich.

Variation Carrara-Breccie

Für 100 t Gestein der Varietät Carrara-Breccie benötigen wir an Zutaten:

- **etwa 95 t gebrochener Marmor aus den Apuaner Alpen in der nördlichen Toskana**
- **5 t geriebener Marmor**
- **0,5 t pulverisiertes Eisenoxid**
- **nach Bedarf etwas aufsteigendes Thermalwasser**

Zubereitung:
Zur Herstellung der Breccie benötigen wir gebirgsbildende Kräfte, um die Hunderte Tonnen schweren Marmorblöcke aneinander vorbeizuschrammen und zu brechen. Gleichzeitig fügen wir den mit Thermalwasser und dem Eisenoxid vermengten geriebenen Marmor hinzu. Wir heben die Massen in lockerer Form ein wenig unter und lassen sie bei reduzierten Temperaturen und stattdessen mit erhöhtem Druck einige Tausend Jahre ziehen. Zwischenzeitlich prüfen wir immer wieder die Bindung der Breccie. Wenn die Masse gestockt ist, schneiden wir sie zur weiteren Verarbeitung in bedarfsgerechte Stücke.

Verwendung:
Weltweite Verwendung für Außenfassaden, Wandverkleidungen im Innern von Gebäuden, Fußböden, Treppenhäuser, Bäder, Kirchen, Banken und sonstige repräsentative Gebäude.

Abb. 130 Carrara-Breccie im Steinbruch von Vagli Sotto bei Carrara

Variation bunte Breccie

Wir wählen hohe Felswände eines Hochgebirges, welches aus verschiedenartigen Gesteinsarten aufgefaltet wurde. Temperaturschwankungen zerrütten das Gestein und lassen es in Form von Schuttfächern anreichern.

Für 100 t der bunten Breccie benötigen wir an Zutaten:

- **99 t bunt gemischte Steine aus Schuttfächern am Fuß von Steilwänden oder Gebirgen**
- **leicht temperiertes mineralisiertes Grundwasser mit gelöstem Kalk $CaCO_3$**

Zubereitung:
Das kalkhaltige Quellwasser lassen wir über mehrere Jahrzehnte über den Gesteinsschutt sickern. Zunächst werden die Oberflächen der Steine von Kalkausfällungen überzogen. Mit der Zeit werden auch die Hohlräume zwischen den Komponenten ausgefüllt und es entsteht ein massiges Gestein, welches zunehmend aushärtet.

Verwendung:
Nach dem Sägen der Blöcke entsteht aufgrund der unterschiedlichen Komponenten ein optisch ansprechendes Gestein. Vielerorts wird es im Alpenraum als Wand- oder Sockelverkleidung an den unterschiedlichsten Gebäuden genutzt.

Konglomerat

Ein Konglomerat (Abb. 131) besteht, im Gegensatz zu einer Breccie, aus gerundeten Komponenten, die je nach ihren Korngrößen als Kies, Steine oder Blöcke bezeichnet werden. Die Energie des Flusstransportes oder die Dynamik der Küste runden den ursprünglich kantigen Gesteinsschutt. Prinzipiell benötigen wir für die Herstellung eines Konglomerats ähnliche Zutaten wie bei einer Breccie. Bei diesem Rezept jedoch gerundete Komponenten. Eine künstlich hergestellte Version ist der „Waschbeton", wie er in den 70er- und 80er-Jahren des letzten Jahrhunderts in Form von Wandverkleidungen und Blumenkübeln in Innenstädten und Neubaugebieten stark verbreitet war.

Abb. 131 Nagelfluh-Kugel („Herrgottsbeton") in der Nikolaikirche in Alzey als Beispiel für ein Konglomerat. Durchmesser der Kugel etwa 1,5 m

Für 100 t eines Konglomerats benötigen wir an Zutaten:

- **95 t bunt gemischte Gerölle**
- **5 t kalkhaltiges Bindemittel**
- **leicht temperiertes mineralisiertes Grundwasser mit gelöstem $CaCO_3$**

Zubereitung:
Wie bei der bunten Breccie suchen wir uns ein sich heraushebendes Gebirge mit angereicherten Schuttfächern. Allerdings geben wir diesen Gesteinsschutt nun in schnell fließende Gebirgsflüsse, in dem die kantigen Steine beim Transport abgerundet werden. An Stellen mit geringerem Gefälle öffnen wir Austrittstellen von kalkgesättigten Grundwässern, welche die zur Ruhe gekommenen Gerölle überziehen und zu einem neuen Festgestein verkitten.
Alternativ sind auch Moränen eiszeitlicher Gletscher geeignet, die bereits gerundetes Gesteinsmaterial weit ins Vorland der Hochgebirge geschoben haben. Flüsse nehmen diese Gerölle auf und lagern sie entsprechend der Fließgeschwindigkeit an Kiesbänken sortiert wieder ab. Kiesgruben des Oberrheins sind solche Lagerstätten.

Verwendung:
Vermengen Sie diese Gerölle mit Zement, können Sie das Produkt als Waschbeton oder in gesägter Version als Wandverkleidung verwenden. Ein Beispiel für die kulturelle Verwendung eines Konglomerat-Gesteins finden wir in Alzey in der renovierten Nikolaikirche am Obermarkt als Altar und weiteren Elementen im Chorbereich. Das Gestein stammt nicht aus Rheinhessen, sondern aus dem Allgäu. Während der Gebirgsbildung der Alpen zu einem Hochgebirge wurden verschiedenartige Gerölle von Flüssen im Vorland durch Kalkausfällungen zu einem festen Gestein verbunden. Nagelfluh nennt man das Gestein in den nördlichen Höhenzügen des Allgäuer Alpenrandes. Die dortigen Einheimischen bezeichnen es als „Herrgottsbeton". Passt doch gut zur Verwendung in der Nikolaikirche.

KALTE KÜCHE

Löss

Löss ist ein feinkörniges Lockergestein mit vielfältigen Anwendungsmöglichkeiten. Zum einen ist es ein optimales Substrat für die Landwirtschaft, zum anderen auch eine hochwertige Substanz für unsere Gesundheit. Vergessen wir aber letztendlich nicht die Verwendung für einen natürlichen Baurohstoff: Backsteine aus Lösslehm. Viele der älteren Häuser im zentralen Rheinhessen sind aus Backsteinen errichtet. Die damaligen Gewinnungsstätten sind inzwischen eingeebnet und von der landwirtschaftlichen Nutzung überprägt.

Zutaten:

- **gefriergetrocknete Schlickablagerungen aus den Überflutungsebenen und Schotterfluren der großen Flüsse, bspw. dem Rhein**
- **Starkwinde zum Ende der Kaltzeiten**

Zubereitung:
Lassen Sie in den Kaltzeiten die großflächigen Überflutungsebenen eiszeitlicher Flüsse gefriertrocknen. Flüsse führen in Kaltzeiten lediglich in den Sommermonaten nennenswerte Wasserstände. Ein Großteil des Wassers ist dem Kreislauf entzogen und in den gewaltigen Gletschern der Nordhalbkugel gebunden. Außerdem herrscht in den Kaltzeiten Permafrost. Die Böden und der unterlagernde geologische Untergrund sind bis etwa 100 m tiefgefroren.
Lassen Sie nun ab dem Höhepunkt der jeweiligen Kaltzeit zunehmend Starkwinde aufkommen. Teilweise entstehen sie möglicherweise auf den Vorlandgletschern der Westschweiz. Von dort finden sie ihren Weg nach Norden über den Oberrheingraben. Dort treffen sie auf die

Abb. 132 Lösshohlweg bei Alsheim mit Blick auf den Oberrheingraben

staubfeinen Sedimente der Überflutungsebenen im Einflussbereich der Mäanderschlingen und der trockengefallenen Schotterflure in der Flussnähe. Die zu Stürmen mobilisierten Winde nehmen Staub und Sand auf. Den Sand häufen sie zu Dünen auf (vgl. Abb. 96), während der Staub in gigantischen Wolken über die Landschaft geweht wird. Beim Nachlassen der Stürme lagert sich der Staub vergleichbar mit Schnee im Hinterland ab.

Verwendung:
Auftrag von Löss in Bereichen der Landwirtschaft zur Meliorisierung kalkarmer Böden; Verwendung im Polderbau als Retensionsflächen entlang des Rheins.

Variation Lösslehm

Die Klimaerwärmung nach der letzten Eiszeit verursachte heftige Niederschläge in unserer Region. In den durchlässigen Lösssedimenten wurde der ursprünglich vorhandene Kalkanteil herausgewaschen und in tiefere Bodenregionen eingelagert. In 1 bis 2 m Tiefe unter der Erdoberfläche entstehen vereinzelt die sog. Lösskindl als Konkretionen.
Die ehemaligen Abbaustellen von Lösslehm erkennen wir häufig an Geländekanten im leicht geneigten Gelände. Im Rahmen von Flurbereinigungen sind sie jedoch inzwischen verschwunden.

Zutaten:
- **Lössflächen auf den Plateaus und an den Hängen in Rheinhessen**
- **anhaltende Niederschläge in Form von Regen**

Zubereitung:
Lassen Sie im Klimawandel am Ende der letzten Kaltzeit in den Sommermonaten langanhaltende mäßige bis starke Regenfälle über dem sonst eher regenarmen Rheinhessen niedergehen. Dabei wird der staubfein verteilte Kalkanteil im Löss herausgelöst und in tieferen, etwas tonigeren Bereichen wieder ausgefällt. Das passiert so lange, bis sich die entkalkten Lössschichten als oberflächennahe Substrate herausstellen. Frühe Vorfahren erkannten sie als ideale Rohstoffe zum Hausbau.

Verwendung:
Rohstoff für Ziegelsteine (Backsteine), vielfach in der Vergangenheit zum Hausbau in rheinhessischen Dörfern.

Variation Schwemmlöss

Schwemmlöss ist zwar ursprünglich ein in einer Kaltzeit lediglich über Lufttransport entstandenes Lockergestein. Allerdings enthält Schwemmlöss auch Grobsand und Steine. Diese Komponenten konn-

Abb. 133 Schwemmlöss bei Alsheim mit eingelagerten Steinen. Bildbreite etwa 1 m

Abb. 134 Schale mit gemahlenem Löss als Rohstoff für Heilerde

ten demnach lediglich durch Wassertransport zusammen mit dem Löss vermengt werden. Ausreichend fließendes Wasser steht allerdings erst zum Ende der Kaltzeiten und insbesondere während der Warmzeiten zur Verfügung. Demnach sind Schwemmlösse jeweils in Warmphasen des Eiszeitalters entstanden und damit auch Klimaindikatoren.

Variation Schwarzerde

Schwarzerden gehören mit zu den wertvollsten Bodenbildungen überhaupt. In den etwas gemäßigten Phasen der Kaltzeiten wurde pflanzlicher Kohlenstoff in feinkörnige Sedimente eingelagert, aber nicht zu Braunerden oxidiert. Dazu haben die Temperaturen der kaltzeitlichen Sommer nicht ausgereicht.

Variation Heilerde

Der Rohstoff für Heilerde ist fast ausschließlich Löss (Abb. 134). Das schwach verfestigte Sediment besteht weitgehend aus kalkhaltigem Schluff. Schluff ist eine Korngröße zwischen Ton und Sand. Die Größe der Partikel liegt zwischen 0,063 und 0,002 mm.

Nach einem Mahlvorgang zum Zweck der Homogenisierung des Sediments und einer thermischen Behandlung zur Abtötung von möglichen Mikroorganismen erfüllt das Sediment die Anforderungen als Heilmittel. Der Schluff kann die Verdauung schwerer Kost unterstützen und Verstopfungen lösen, während der Kalkanteil eine erhöhte Magensäurebildung neutralisieren kann.

NACHSPEISEN

Halbgefrorenes (Fließerden bzw. Solifluktion)

Zutaten:

- **Hangbereiche der Rheinhessischen Plateaus in Südlage**
- **Zehnermeter tiefgefrorenen Untergrunds (Permafrost) während einer Kaltzeit im Eiszeitalter (Pleistozän)**
- **jahreszeitliche Temperaturschwankungen**

Zubereitung:
Derzeit liegen die Jahresmitteltemperaturen in Rheinhessen bei ca. 10,5 °C. Wählen Sie für die Zubereitung einer Solifluktion eine der Kaltzeiten des Eiszeitalters aus, idealerweise die letzte Kaltzeit zwischen 115.000 und 11.700 Jahren. In Norddeutschland als Weichsel-, in Süddeutschland als Würm-Kaltzeit bezeichnet. Dazu reduzieren wir auf dem Thermostat die Jahresmitteltemperaturen um 8 °C. Somit haben wir nun eine Temperatur von durchschnittlich 2,5 °C im Jahr!
Aber dann lassen wir es wärmer werden. Im Eiszeit-Sommer tauen die oberen Bereiche der süd-exponierten Hanglagen bis maximal 1 bis 2 m auf. Wasser kann nicht versickern, weil der Untergrund darunter gefroren ist. Mit der verstärkten Sonneneinstrahlung entsteht eine breiige Masse, die sich bereits bei geringer Hangneigung aufgrund ihres Eigengewichts in Richtung Tal in Bewegung setzt.

Abb. 135 Solifluktion am Teich „Pfauenauge“ in der Nähe der Jagdhausalm in Österreich

Auswirkungen:
Diese Bewegungen traten verstärkt in den Kaltzeiten auf und lieferten einen wesentlichen Beitrag zur Reliefbildung des gegenwärtigen Rheinhessens. Zu Beginn der Wiedererwärmung stellten sich vermutlich heftige und langanhaltende Niederschläge ein und hatten katastrophale Hochwasser zur Folge, welche die zu Tal geglittenen Fließerden mitrissen und die Täler eintieften. Die Katastrophe 2021 im Ahrtal zeigt uns gegenwärtig, wie gewaltig kurzfristige Wassermassen zur Zerstörung flussnaher Siedlungen führen können. Nachweislich fanden vergleichbare Hochwässer bereits 1804 und 1910 statt.
Schauen wir doch mal von einem Plateau in Rheinhessen über die Landschaft. Verbinden wir nun gedanklich die Oberkante der anderen Hochebenen als ehemalige Landoberfläche vor etwa 3 Millionen Jahren. Dann wird offensichtlich, welch enorme Massen an Gestein seit dieser Zeit in den Tälern Rheinhessens abgetragen wurden. Inzwischen liegen sie in den Niederlanden oder in der Nordsee.

GETRÄNKE

Wein

Zutaten:

- **Rebsorten wie Scheurebe, Silvaner, Riesling, Chardonnay, Spätburgunder oder Portugieser (Abb. 136)**
- **Weinbergsböden aus Rheinhessen: Rotliegend-Sedimente, Vulkangesteine, tertiäre Küstengesteine, Tonmergel, Kalksteine, Ur-Rhein-Sedimente oder eiszeitliche Lösssedimente**
- **Klimawandel**

Wein ist in unserer Zeit sowohl Kultur als auch ein Lebensgefühl. Er steht für Wohlbefinden und Genuss mit Augenmaß. Er ist kein primäres Produkt geologischen Ursprungs. Wir benötigen zusätzlich die Botanik, um im Zusammenhang mit mineralischen, geophysikalischen ebenso wie chemischen Komponenten dieses Genussmittel zu optimieren.
Wein und Bier waren in früheren Jahrhunderten aufgrund ihres Alkoholgehaltes zuverlässige Getränke, welche bakterielle Verunreinigungen im Trinkwasser bereinigt und unterbunden haben. Meistens waren es ursprünglich Klöster, die in dieser Hinsicht experimentiert haben.

Rebsorten haben ein individuelles genetisches Potenzial von Aromen und Charaktereigenschaften. Daran können wir sie mit etwas Erfahrung identifizieren. Allerdings dürfen wir bei der Charakterisierung einen anderen, anorganischen Faktor nicht vernachlässigen, nämlich das Substrat, auf dem die Reben wachsen: die Weinbergsböden. Sie sind jedoch nichts anderes als die Verwitterungs- und Umwandlungsprodukte der Gesteine im Untergrund. Diese Gesteine prägen je nach Geländesituation unweigerlich die Weinbergsböden, aus denen die Reben ihre Mineralstoffe beziehen (Kuhn 2020: 34 ff.). Sie müssen mit Bedacht gepflegt und erhalten werden. Missachtet man diesen Aspekt, droht Erosion. Dann wird den Reben ein wesentlicher Teil ihrer Grundlage entzogen. Das Resultat ist ein Qualitätseinbruch beim Wein. Ähnliche Qualitätsverluste sind bei starker Verdichtung der Böden zu erwarten.
Nehmen wir zu den gepflegten Weinbergsböden jetzt noch Wissen und Erfahrung der Weingüter hinzu, haben wir schon fast den Begriff Terroir definiert.
Klimawandel in Bezug auf den Weinbau in Rheinhessen: Der Begriff Klima hat derzeit in unserer Gesellschaft einen hohen Stellenwert. Es ist für mich zunehmend erschreckend, wie viele unqualifizierte Kommentare zum Klimawandel in die Diskussionen geworfen werden. Ungeachtet der Tatsache, dass auch sehr kurzzeitiger Klimawandel in der Erdgeschichte Einfluss auf die Entwicklung des Lebens genommen hat.

Abb. 136 Rebsorten in Rheinhessen. Oben links Scheurebe, oben Mitte Silvaner, oben rechts Riesling, unten links Chardonnay, unten Mitte Spätburgunder, unten rechts Portugieser

Der derzeitige Klimawandel hat, vielleicht wie damals in der Römerzeit, einen positiven Einfluss auf die Reife von späten Rebsorten. Rieslingtrauben erreichen wieder die optimale Reife (vgl. Abb. 136). Sorten wie Chardonnay (vgl. Abb. 136) bereichern die Vielfalt in den regionalen Weinbergen.

Ich empfinde es immer wieder spannend, zu versuchen, den Wein einer bestimmten Rebsorte über ihre charakteristischen Eigenschaften zu identifizieren, gleichzeitig aber auch Rückschlüsse auf das Substrat zu ziehen, auf dem es gewachsen sein könnte. Stein und Wein. Ein untrennbarer Verschmelzungsprozess.

Hinweise auf die Zubereitung dieses Rezeptes erübrigen sich in Rheinhessen. Jede Winzerin, jeder Winzer hat eine ganz eigene Rezeptur, wie man je nach Jahrgang das Lesegut optimiert. Besuchen Sie Ihr Lieblingsweingut und probieren Sie den neuen Jahrgang. Jeder spiegelt das Wetter im Jahr wider und Sie erleben, wie das Weingut darauf reagiert hat. Immer wieder spannend. Und weil der Wein in Rheinhessen eine so große Rolle spielt, widme ich ihm etwas später noch ein Kapitel zum Thema Stein und Wein.

Wasser

Wasser aus Bächen und Flüssen zu trinken, war bereits seit der Antike problematisch. Die Gefahr, sich dabei Infektionen einzufangen, lauerte überall im Umfeld der Siedlungen an Wasserläufen. Verantwortlich

Abb. 137 Mineralwasser

dafür waren meistens Bakterien. Bestimmte Gattungen und Arten sind Auslöser für die Pest. Damals waren sie noch völlig unbekannt. Wasser aus Bächen und Flüssen in ihrem Mittel- bis Unterlauf waren in den meisten Fällen mit den unterschiedlichsten Keimen belastet. Abwässer jeglicher Art mündeten ungeklärt in die Wasserläufe. Außerdem gab es die Waschtage, an denen die Hausfrauen in mühsamer Arbeit die Kleidungsstücke gereinigt haben, wiederum an Fließgewässern. Man wollte ja schließlich seinen Dreck loswerden und hoffte gleichzeitig auf hygienische Wasserqualität.

Trinkwasser gab es vielfach an Quellen oder Brunnen innerhalb der Siedlungen. Je nach Zustrom des Grundwassers konnte das Wasser dennoch verunreinigt sein. Anfangs war eine Beimischung von Wein und Bier aufgrund der desinfizierenden Wirkung des Alkohols unbedingt erforderlich.

Grundwasser

Niederschlagswasser in gemäßigter Form versickert allgemein im Boden. Starkregen fließt stattdessen meist über der Oberfläche ab. Nur ein geringer Teil sickert in den Untergrund. Optimal für die Erneuerung des Grundwassers ist die Schneeschmelze, wenn sie überhaupt vorkommt. Denn Schnee schmilzt ganz allmählich. Dieser Ablauf hat den Vorteil, dass das Schmelzwasser nur ganz langsam über die Bodenschicht in das darunter liegende poröse Gestein einsickert. Zuweilen verhindern tonige Lagen im Untergrund das weitere Versickern in tiefere Gesteinsschichten. Über Klüfte und offene Poren bewegt sich dann das Grundwasser in Richtung der nächsten Wasserläufe. Zuweilen liegt der Grundwasserspiegel dann nur wenige Dezimeter oder Meter unter der Erdoberfläche. Optimal für Bäume und Sträucher. Oberhalb des Grundwasserspiegels gibt es jedoch noch den Kappilarwassersaum. Durch die physikalische Saugwirkung winzigster Poren und Spalten wird Wasser in den überlagernden Boden angesogen. Davon profitieren in unserer Region die meisten Kräuter und Stauden und nicht zu vergessen die Nutzpflanzen unserer Landwirtschaft.

Trinkwasser

Auch Trinkwasser (Abb. 137) gehört zur Kategorie Grundwasser. Der wesentliche Unterschied liegt jedoch in der Tatsache, dass Trinkwasser nach dem Einsickern in tiefere poröse Sedimente beim Fließvorgang durch überlagernde tonige und schluffige Lagen vor dem Eintrag von Schadstoffen vollständig oder weitestgehend geschützt ist. Das bedeutet, dass belastete oberflächennahe Grundwässer nicht oder nur unwesentlich in die Zonen der Trinkwasservorkommen eindringen und sie kontaminieren können. Daher haben die zuständigen Behörden Wasserschutzzonen an den Trinkwasserförderstellen eingerichtet, in denen jegliche Aktivitäten einer potenziellen Verunreinigung untersagt sind.

Trägt diese Darstellung vielleicht dazu bei, Medienvertretern, aber auch Umweltaktivisten oder sonstigen selbsternannten Meinungsbildnern zu helfen, die Unterschiede zwischen Grundwasser und Trinkwasser zu verstehen? Ich gebe die Hoffnung nicht auf.

Zubereitung in Rheinland-Pfalz:

Wir lassen Regenwasser, noch besser tauenden, unbelasteten Schnee in die verwitterten Gesteine im Großraum Rheinhessen einsickern. Sandsteine und Vulkanite des Nordwestpfälzer Berglandes sind regional die nächsten potenziellen Gewinnungsgebiete für Mineralwasser. Die Region des Rheinischen Schiefergebirges (bestehend aus Hunsrück, Taunus, Eifel und Westerwald) ist aufgrund der Erdgeschichte prädestiniert für Mineralwässer von besonderer Qualität.

Je nach Verweildauer des Grundwassers im umgebenden Gestein löst es aus dessen Oberfläche Moleküle und Ionen. Die gelösten Kat- und Anionen bestimmen die Charakteristik und den Geschmack des jeweiligen Mineralwassers.

Jahrzehnte bis Jahrtausende lassen wir auf diese Weise für die Reife des Trinkwassers vergehen. Denn z. B. auch ein hochwertiger Whiskey benötigt Zeit für die Reife. Warum sollten wir Reifezeit nicht auch unserem Mineralwasser gönnen?

Wenn es beim Trinken ein wenig prickeln soll, fügen wir je nach Geschmack etwas Kohlensäure hinzu. Kohlensäureaustritte stehen vielerorts in Verbindung mit den vergangenen vulkanischen Aktivitäten der Region. Einige der dortigen Mineralbrunnen haben aufgrund ihrer Qualität internationale Bedeutung erlangt. In der Umgangssprache nennt man Mineralwasser stattdessen einfach nur Sprudel.

Zutaten:

- **Niederschlagswasser in beliebiger Form**
- **klüftige Gesteine (Sandstein, Kalkstein, Basalt, Rhyolith, Sand, Kies) mit ausgewählten löslichen Komponenten**
- **geschichtete poröse Sedimentgesteine, welche nach unten und oben durch tonige Schichten abgedichtet werden**
- **natürliche Kohlensäure bei Bedarf, die bspw. in der Region der Vulkaneifel aus dem Untergrund aufsteigt**
- **ansonsten Zusatz von externem CO_2, nach Bekömmlichkeit**

ETWAS FÜR KALTE JAHRESZEITEN

Ein alter Jahrgang mit besonderer Reife: Erdöl

Erdöl ist seit wenigen Jahren in Verruf gekommen. Es war nach dem Zweiten Weltkrieg einer der Motoren des Wirtschaftswunders und ist nach wie vor ein wesentlicher Bestandteil unseres gegenwärtigen Lebens. Wie so oft kommt es darauf an, was wir daraus machen. Als gedankenlos liegen gelassener Müll belasten Erdölprodukte in eklatanter Weise unsere Umwelt. Sinnvoll eingesetzt, sind sie unersetzliche Bestandteile des täglichen Lebens. Sie sind langlebig und je nach Nutzung nachhaltig. Ohne die Bauteile aus Erdöl sähen unsere Fahrzeuge vermutlich aus wie die von Fred Feuerstein.

Zutaten:

- **ein Ablagerungsraum in Form eines tiefen Sees oder eines Meeres**
- **subtropisches bis tropisches Klima**
- **Einschwemmungen von organischen (mikroskopisch kleinen Lebewesen) und feinkörnigen schlammigen Substanzen**
- **Sand-/poröse Kalksteine und darüber Tonsteine zur Überlagerung der feinkörnigen bituminösen Schichten**

Zubereitung:

Idealerweise wählen wir den Oberrheingraben als Kochzentrum für die Zubereitung von Erdöl. Mit der Gebirgsbildung der Alpen im Süden üben wir Druck auf das Vorland im Nordwesten zwischen Schwarzwald und Vogesen sowie zwischen Pfälzerwald und Odenwald aus. Entlang uralter Risse (Schwächezonen in der Gesteinsabfolge) in der Erdkruste lassen wir durch Massenverlagerungen und -aufstieg zunächst ein Gewölbe entstehen, dessen Flanken sich auseinanderbewegen. Es dauert lediglich wenige Tausend Jahre, bis der zentrale Teil einbricht. In gleichem Maß heben sich die Flanken der Randgebirge (vgl. Abb. 56). Ein Graben entsteht (vgl. Abb. 59).

Unter subtropisch-tropischem Klima lassen wir im absinkenden Graben Seen und Moore entstehen. Von den noch niedrigen Randgebirgen tragen Bäche und Flüsse Tone und Schluffe in den Graben ein. Sie überlagern die organischen Schichten und dichten sie ab. Diese Vorgänge lassen wir über Tausende Jahre hin andauern. Dazwischen führen regenreiche Phasen zum Anstieg der Flüsse. Sand und Geröll werden in den Graben eingeschwemmt. Danach kehrt immer wieder Ruhe ein. Zuweilen führen wir die Absenkungsrate des Grabens so weit, dass das Meer von Süden her in den Graben vordringt. Erneut entstehen tonige Lagen mit Einlagerungen von organischen Substanzen. Wechselhafte Zeiten.

Wollen wir wie vor 30 Millionen Jahren klare Verhältnisse schaffen? Dann lassen wir den Meeresspiegel weltweit ansteigen. Und regional in gleichem Maß den Graben durch den Druck der Alpen weiter absinken. Resultat: Das Meer dringt von Norden über die hessische Senke in unsere Region ein (vgl. Abb. 2). Das Mainzer Becken sinkt nur allmählich ab (vgl. Abb. 35). Der Oberrheingraben stattdessen umso stärker.
Außerdem sorgen wir weiterhin für subtropische Umweltbedingungen. Zumindest zeitweise lassen wir Verbindungen des Grabens zum Meer des Alpenvorlandes, im geologischen Sprachgebrauch Paratethys genannt, entstehen. Vereinzelt sogar über den Rhône-Graben zum eigentlichen Ur-Ozean, dem Ur-Mittelmeer (Tethys) (vgl. Abb. 64).
Vom Nordmeer, das bis zu den heutigen Mittelgebirgen vorgedrungen ist, lassen wir über die Hessische Senke relativ kühles Meerwasser über den Graben nach Süden fließen. Als Ausgleich strömt nun oberflächennah warmes Wasser von Süden nach Norden. Dichteschichtung nennen es die Ozeanografen.

Abb. 138 Erdölbohrung im Raum Eich, Foto W. Weiler ca. 1950

In den tiefen strömungsarmen Meeresregionen des Grabens lassen wir weiterhin Tontrübe vom Festland in Verbindung mit abgestorbenen organischen Resten zum Meeresboden sinken. Der Sauerstoff zur Verwesung ist aufgebraucht. Es entsteht Faulschlamm. Wir lassen den Graben weiterhin absinken und zuweilen auch sandige und kiesige, zwischendurch auch kalkige Sedimente von den Flanken eintragen. Durch die zunehmende Auflast verdichten sich die darunterliegenden schlammigen Sedimente. Aus Schlamm wird bituminöser Ton, aus Sand und Kies Sandstein. Kalkige Lockersedimente werden zu Mergel- oder Kalksteinen.
Der erste Schritt ist getan. Mit dem Absinken der Schichten nimmt deren Temperatur zu. Da sich der zentrale Graben stärker absenkt als an den Rändern, entstehen in den absinkenden Schichten Brüche. Es bildet sich ein Schollenmosaik. Einige der Schollen lassen wir stärker absinken als andere. Es entstehen Versätze untereinander.
Nun weiten wir zusätzlich mit der Absenkung ganz allmählich den Graben: Tief reichende Klüfte entstehen im Untergrund. Dabei wird heißen Wässern der Aufstieg in Richtung Erdoberfläche ermöglicht. Die aufsteigende Wärme und der zunehmende Druck der überlagernden Sedimente führen zu einem Reifeprozess unserer bituminösen

Schichten. Geologen bezeichnen sie als Erdöl-Muttergestein. Ist ein bestimmter Druck erreicht, beginnt Öl an den Klüften des Muttergesteins auszutreten und nach oben aufzusteigen. Trifft es dabei auf poröse Gesteine wie Sandstein oder löchrigen Kalkstein, dringt es in die Zwickel zwischen den Sandkörnern oder in den Kalkstein ein. Überlagern Tonschichten die Sand- bzw. Kalksteine, verhindern wir damit ein weiteres Aufsteigen des Erdöls. Es ist dann in diesen Gesteinen gefangen. Man spricht dann von Erdölspeichergestein. Ohne die Überlagerung tritt Erdöl an die Oberfläche, wie dies in Pechelbronn der Fall ist. Ähnliche Prozesse lassen wir ablaufen, wenn wir Erdgas herstellen wollen. Die Mobilität des Erdgases ist natürlich deutlich höher als die des Erdöls.

Vorkommen im näheren Umfeld Rheinhessens:
Beispiele für Erdöl- und Erdgasvorkommen in Rheinhessen sind die benachbarten Erdölfelder Eich und Königsgarten (Abb. 138), etwa 15 km nördlich von Worms. Aus geologischer Sicht liegen sie im unmittelbaren Oberrheingraben. Inzwischen hat die Ergiebigkeit jedoch so weit nachgelassen, dass sie wegen Unrentabilität aufgegeben wurden. Weitere Felder liegen im benachbarten Hessen bei Stockstadt und Wolfskehlen.
Um 1960 wurde im Feld Frankenthal Erdgas gefördert. Seit dem Abschluss der Förderung dient diese Struktur als Untertagespeicher für Erdgas. Im südlichen Oberrheingraben liegen die Erdöl- und Erdgasvorkommen im Großraum Landau und im Erdölfeld Römerberg bei Speyer. Kleinere Vorkommen wurden bei Offenbach, Hayna, Minfeld, Rheinzabern, Maximiliansau, Dudenhofen, Deidesheim und Winden angetroffen und gefördert (Boigk 1981: 211 ff.). Das Erdölfeld Landau war lange Zeit die bedeutendste Rohöllagerstätte im Südteil des Oberrheingrabens, bevor das Vorkommen in Speyer 2003 entdeckt wurde.

Verwendung:
Erdölprodukte sind aus unserem Umfeld nicht mehr wegzudenken, auch wenn wir uns zunehmend Gedanken machen über Alternativen. Vielfach lassen sie sich nicht ohne Weiteres ersetzen. Manches geht relativ einfach, anderes bereitet außerordentliche Probleme.

RAUCHWAREN

Tabak

Die Hersteller edler Zigarren in der Qualität einer Trinidad, einer Cohiba Esplendido, einer Montecristo oder einer Brasil informieren meines Wissens nach nicht über die geologischen Verhältnisse der Anbauflächen. Dennoch benötigen die dort angebauten Tabaksorten vermutlich spezielle, vorwiegend sandgeprägte Substrate. Zusätzlich beeinflusst das Klima die qualitativen Eigenschaften der Pflanzen.

Tabakanbau (Abb. 139) war in Rheinhessen wohl nie ein Thema. Dagegen ist die Vorderpfalz schon lange Zeit ein bevorzugtes Anbaugebiet für Tabak (Duwak), das jedoch Jahr für Jahr an Bedeutung verliert. Ideale Substrate für den Tabakanbau sind dort die sandigen Schwemmfächer der Bäche aus dem Pfälzerwald in Richtung Rhein, entstanden. in den Warmzeiten des Pleistozäns. Lockere, gut durchlüftete, wärmespeichernde Böden sind zusammen mit dem Klima beste Voraussetzung für die Tabakpflanzen. Die charakteristischen Schuppen in und um die Dörfer sind historische Zeugnisse für den Tabakanbau.

Abb. 139 Tabakanbau und Tabakschuppen bei Dudenhofen, westlich von Speyer

Fumarolen

Vermutlich haben bereits frühere Menschen den Temperaturanstieg im Gebirge gespürt. Den Anstieg der Temperatur in Verbindung mit zunehmender Tiefe nennt man geothermische Tiefenstufe. Allgemein beträgt sie durchschnittlich 1 °C Temperaturzunahme pro 33 m Tiefenzunahme. Oder umgerechnet um etwa 3 °C/100 m Tiefe.

In geologisch uralten Kontinentalsockeln kann sich die Tiefenstufe enorm verlängern. Es wird hier nur allmählich wärmer. Daher reichen Bergwerke im Witwatersrand-Gebiet Südafrikas bis hinab in Tiefen von nahezu 4.000 m. Dort sind die Arbeitsbedingungen extrem. Die Gesteine haben eine Temperatur von etwa 60 °C, die Lufttemperatur liegt bei etwa 55 °C. Lediglich durch aufwendige Kühlmaßnahmen kann sie auf 28 °C gesenkt werden. Andererseits kann die geothermische Tiefenstufe in vulkanisch aktiven Zonen äußerst gering sein.

Abb. 140 Caldera der Solfatara in Pozzuoli, nördlich von Neapel. Am Horizont erkennt man die Häuser der Stadt

Ein Beispiel ist der Krater der Solfatara inmitten der italienischen Stadt Pozzuoli (Abb. 140). Die Solfatara ist Bestandteil der Phlegräischen Felder (Campi Flegrei). Sie sind die Caldera (Einbruchskrater) eines Supervulkans im Norden von Neapel. Dazu zählt auch der Vesuv.

Problemlos kann man sich in der Solfatara an Austrittsstellen heißer Gase mit gelben Schwefelausfällungen die Finger verbrennen (Abb. 141). Aus dem Untergrund aufsteigende Gase lassen heiße Schlammbecken ununterbrochen blubbern. Unzählige Blasen überziehen die Oberfläche. In der Antike nutzten die Römer die Solfatara bereits für medizinische Zwecke in Form von Schwitzbädern und Schwefelanwendungen.

Zutaten:

- **ein vulkanisches Gebiet mit verhaltener thermischer Aktivität**
- **mäßiger Zufluss von Wasser aus dem umgebenden Gestein**

Zubereitung:

Empfehlenswert ist eine vulkanische Region, deren Aktivität sich aktuell deutlich verringert hat oder anscheinend fast zum Erliegen gekommen ist. Aus der Magmenkammer in der Tiefe lassen wir lediglich heiße Gase in Spalten in Richtung Erdoberfläche aufsteigen. Mäßige Wasserführung im porösen Gestein der Überdeckung führt beim Kontakt mit den heißen Gasen zur Entstehung von schwefelreichem Wasserdampf, der lediglich nach außen an die Erdoberfläche abgeleitet werden kann. Zischend und fauchend entweichen die Gase aus dem Untergrund und lagern im unmittelbaren Umfeld Schwefelkristalle und Schwefelverbindungen ab (vgl. Abb. 141).

Vorkommen:

In Italien in der Region nördlich von Neapel, Island, Yellowstone Nationalpark USA.

Abb. 141 rechte Seite Austrittsstellen heißer Gase mit gelben Schwefelausfällungen in der Solfatara

DER PERFEKTE BEGLEITER EINES JEDEN GUTEN GERICHTES: DER WEIN

Für einen in einem Weinanbaugebiet aktiven Geologen ist das Zusammenspiel von Geologie und Wein ein außerordentlich spannendes Thema – insbesondere, wenn er sich intensiv mit den geologischen Verhältnissen in Rheinhessen befasst hat. Schließlich nehmen Weinberge (Abb. 142) einen Großteil von Rheinhessen ein.

Bereits im 20. Jh. kam es im Rahmen einer Publikation von Schottler & Scheu (1925) zu einer interdisziplinären Zusammenarbeit von Geologie und Wein in Rheinhessen. Der Anlass war die sog. Gelbsuchtsbekämpfung in den rheinhessischen Weinbergen nach einem besonders starken Peronospora-Befall im Jahr 1906. Die damalige Landwirtschaftskammer in Rheinhessen beauftragte 1910 eine Kommission damit, Versuche in ausgewählten Weinbergen zur Bekämpfung der Chlorose in der Provinz Rheinhessen durchzuführen. Dieser Kommission gehörten u. a. der Landesgeologe Prof. Dr. W. Schottler von der Geologischen Landesanstalt in Darmstadt sowie der Obst- und Weinbauinspektor Dr. Georg Scheu aus Alzey an. Wohl kaum hätte zur damaligen Zeit eine Zusammenarbeit aus beiderlei Gesichtspunkten besser passen können. Schottler beschrieb zunächst die Eigenschaften der Böden auf geologischer Grundlage in Rheinhessen in Bezug auf den Weinbau. Zusätzlich wurden im Raum Heßloch (heute Dittelsheim-Heßloch) Bodenproben bis in 2 m Tiefe entnommen und nach Korngrößen und Chemismus analysiert. Scheu als Praktiker stellte

Abb. 142 Im Vordergrund Weinberge des Rochusbergs bei Bingen (die einzigen Weinberge auf devonischem Schiefer und Quarzit in Rheinhessen) mit der Rochuskapelle in der Bildmitte, dahinter Weinberge des Rheingaus mit Rüdesheim, dem Niederwald-Denkmal und der Eintritt des Rheins ins Mittelrheintal

Chlorose

Unter dem Begriff **Chlorose** (Gelbsucht) versteht man eine Pflanzenkrankheit, die eine charakteristische Gelbfärbung der Blätter verursacht. Es gibt unterschiedliche Arten der Chlorose, die von verschiedenen Faktoren verursacht werden. Nach Scheu sind jedoch nicht die vielfach vermuteten hohen Grundwasserstände oder Staunässe als Gründe für die Chlorose zu werten, „sondern die Undurchlässigkeit des Bodens für Luft und Wärme ..." (l. c. 31) sowie die leichte Löslichkeit des im Übermaß vorhandenen, fein verteilten Kalkes im Substrat (l. c. 33). Ein vielfach vermuteter Eisenmangel ist für Scheu jedoch keine Ursache (l. c. 36).

in einem weiteren Beitrag die Auswirkungen der Krankheit, deren Ursachen sowie die Erfahrungen bei der Chlorosebekämpfung dar.

Außerdem wurden die verschiedenen in Rheinhessen angepflanzten Rebsorten aufgrund ihrer Anfälligkeit auf Chlorose bewertet (l. c. 26 ff.). Neben zahlreichen Empfehlungen zur Bekämpfung der Krankheit in den Weinbergen (u. a. sorgsame Bearbeitung insbesondere in regenreichen Zeitabschnitten zur Verhinderung der Verstickungserscheinungen der Rebwurzeln bei gleichzeitiger „Kalkvergiftung") stellte Scheu Neuzüchtungen chlorosefester Reben in Aussicht, die „unbedingt die idealste Lösung der ganzen Gelbsuchtsfrage" bedeuten (l. c. 47). Der beste Erfolg für seine Prognose ist seine, später nach ihm benannte, äußerst erfolgreiche Neuzüchtung der Scheurebe. Weitere erfolgreiche Züchtungen von Scheu sind u. a. die Rebsorten Faber, Huxel, Kanzler, Perle, Regner, Septimer, Siegerrebe und Würzer.
Doch wie eignen sich nun die aus der jeweiligen Gesteinsverwitterung entstandenen Substrate der rheinhessischen Weinberge für die Entwicklung der Reben? Und wie prägen sie darüber hinaus den Wein? Dies schauen wir uns nun etwas genauer an.

DEVON-ZEITALTER (CA. 400 MILLIONEN JAHRE VOR HEUTE)

Schiefersubstrate

→ metamorphe, d. h. durch Druck- und Temperaturerhöhung umgewandelte tonige Gesteine

Es sind steinige, tonige, meist flachgründige und kalkfreie dunkle Schieferverwitterungsböden, die rasch Wärme aufnehmen (Abb. 143). Die Spannbreite der Ausgangsgesteine reicht von sandigen Schiefern, die sich nicht allzu gut bearbeiten lassen, bis hin zu reinen Tonschiefern.
In den Weinbergen stehen Mineralstoffe aufgrund der Festigkeit und der Zusammensetzung des Gesteins weitestgehend aus Quarzmolekülen nur eingeschränkt für die Rebwurzeln zur Verfügung. In der Verwitterungszone ist die Durchwurzelung weniger problematisch, im darunter liegenden Festgestein dagegen lediglich auf Klüfte beschränkt. Nach Schottler & Scheu (1925: 2) bildet devonische Schiefer „... an Stellen, die der Abschwemmung nicht ausgesetzt sind, einen zwar nährstoff-, besonders auch kalkarmen, eher tiefgründigen tonigen Boden, der sich durch seine dunklere Farbe von den Quarzitböden unterscheidet. An steilen Gehängen aber kann der Verwitterungsboden nicht haften. An ihnen tritt deshalb oft der nackte Fels zutage." (Schottler & Scheu 1925: 2).

Abb. 143 Schieferverwitterungsboden am Rochusberg

Am Roten Hang (vgl. Abb. 145 und 146) zwischen Nackenheim und Nierstein hingegen gibt es definitiv keinen Schiefer. Die dort vorhandenen Sedimente bestehen aus geschichteten Sand-, Schluff- und Tonsteinen aus dem Rotliegend-Zeitalter. Wegen der dünnlagigen Schichtfolge ähneln sie auf den ersten Blick Schiefern. Sie sind jedoch nicht durch Druck und Temperatur deformiert, wie es den Gesteinen des Rheinischen Schiefergebirges geschehen ist.

Quarzitsubstrate

→ metamorphes, d. h. durch Druck- und Temperaturerhöhung umgewandelte kieselsäurehaltige Gesteine

Quarzitsubstrate sind ähnlich steinig, flachgründig und kalkfrei wie Schieferböden. Im Gegensatz zum vielfach mittel- bis dunkelgrauen Schiefer ist das Ausgangsgestein Quarzit vorwiegend weißlich bis hellgrau (vgl. Abb. 39). „Der in der Hauptsache aus Kieselsäure bestehende Taunusquarzit liefert einen nährstoffarmen, insbesondere kalkfreien, steinigen Boden, in dessen zerklüftetem Untergrund die Rebwurzeln oft tief eindringen" (Schottler & Scheu 1925: 2). Quarzit verwittert unvorstellbar langsam, jedenfalls unter dem derzeitigen Klima. Tropische sowie subtropische Klimaverhältnisse der regionalen Erdgeschichte in Verbindung mit Huminsäuren beschleunigen hingegen die Gesteinsverwitterung. Seit dem Erdaltertum über das Erdmittelalter bis hin zur Erdneuzeit ist viel Zeit mit solchen Klimaverhältnissen vergangen.

Die etwas helleren Böden aus verwitterten Quarzitsubstraten erwärmen sich etwas langsamer, wodurch das Wasserrückhaltevermögen bei beiden nährstoffarmen Substraten gering ist. Gelöste Mineralstoffe sind nur in geringem Maße im Bodenwasser verfügbar. Die Durchwurzelung in den Böden ist wiederum vergleichbar mit Schiefersubstraten. Sie entsprechen den Weinlagen des Mittelrheins, der Ahr und der Mosel. Säuregeprägte schlanke Aromalinien charakterisieren bevorzugt klassische Weißweine, bspw. den Riesling (Abb. 144).

Abb. 144 Riesling

PERM-ZEITALTER (CA. 290 MILLIONEN JAHRE VOR HEUTE)

In der Zeit des Perms muss man für das Rotliegend (ca. 290 Millionen Jahre vor heute) Sedimente und magmatische Gesteine unterscheiden. Rotliegend-Gesteine prägen das Weinanbaugebiet der Nahe. Diese Gesteine bilden allerdings auch die Westumrandung des Mainzer Beckens und zeichnen damit auch die ehemalige Küstenregion vor 30 Millionen Jahren nach. Somit weisen die Weine aus dieser Region durchaus mit denen der Nahe vergleichbare Charaktere auf. Die aus Rotliegend-Festgesteinen hervorgegangenen Meeressedimente des Oligozäns eignen sich sogar etwas besser als Substrate für Weinberge. Denn als Lockergesteine sind sie deutlich leichter durchwurzelbar. Allerdings ist ihr

Wasserrückhaltevermögen in heißen Sommermonaten zeitlich stark eingegrenzt.

Sedimente

→ vorwiegend geschichtete Ablagerungsgesteine

Es sind vorwiegend sandige bis tonige, zuweilen steinige Verwitterungsböden aus ursprünglich geschichteten Sand-, Schluff- und Tonsteinen mit geringem oder gänzlich fehlendem Kalkanteil. Vulkanische Aschenlagen unterbrechen zuweilen die Sedimente. Sie bringen zusätzliche mineralische Aspekte im Spektrum der Weinaromen ins Spiel.
Häufig sind die Böden rot (Abb. 145), weil der fein verteilte Eisenanteil im Gestein rostet. Manchmal sind sie auch braun oder gelb. Die Farbe des Untergrundes steht in Abhängigkeit vom Anteil des Elements Eisen.
Dünn geschichtete Sedimente sehen lediglich auf den ersten Blick den Schiefergesteinen ähnlich. Allerdings haben sie nicht die enormen Druck- und Temperaturbedingungen erfahren, welche die Gesteine des Rheinischen Schiefergebirges an Mittelrhein, Mosel und Ahr in Falten gelegt haben.
Auf den Sedimenten aus der Rotliegend-Zeit entwickeln sich in Rheinhessen hochinteressante Substrate für die Anlage von Weinbergen. Als Westumrandung Rheinhessens sind sie in der Region zwischen Bad Kreuznach und Alzey sowie am Roten Hang zwischen Nackenheim und Nierstein verbreitet. Dort haben seit einiger Zeit Einzellagen weltweite Bedeutung erlangt. Die Sedimente des Roten Hangs (Abb. 146) in Verbindung mit dem klimatischen Einfluss des Rheins lassen außergewöhnliche Weine entstehen.
Substrate können Feuchtigkeit nur bedingt längere Zeit im Oberboden halten. Der tiefere Untergrund ist häufig felsig. Daher sind es vorwiegend Klüfte, die Wasser führen. Das Resultat sind Weine mit einer betonten Säure und dezenten Fruchtaromen.

Abb. 145 Sedimente am Roten Hang aus der Zeit des Rotliegends. Das sind die Substrate, welche die Weinbergsböden am Roten Hang prägen

Abb. 146 Der Rote Hang

Abb. 147 Portugieser

Andesitböden (Melaphyr)

Es sind kieselsäurearme, deshalb dunkle und relativ schnell fließende Laven der Zeit des Rotliegends. Andesitgesteine können im Gegensatz zu Rhyolithsubstraten enorm verwitterungsanfällig sein, was mir Winzer bspw. von der Steillage der Heerkretz am Südhang des Hornbergs zwischen Neu-Bamberg und Wonsheim bestätigt haben. Nach dem Rigolen der Weinberge kommen im höheren Hangabschnitt unterhalb des Rhyoliths dunkle Andesitsteine zutage, die nach wenigen Jahren vollständig zerfallen sind. Danach sind sie nicht mehr nachweisbar, denn daraus entstehen dunkle, tonig-sandige Substrate mit einem teilweise geringen Kalkanteil. Andernorts sind Weinberge auf Andesitgesteinen durchaus an ihren Mandelsteinen oder an ihren Achaten auf den Oberflächen der Weinberge erkennbar. Ein Resultat sind Weine mit leicht fruchtigen Aromen in Verbindung mit einer angenehmen Säure. Idealerweise können sich Weine entwickeln, die an solche von vulkanischen Substraten der Gegenwart erinnern (Abb. 147).

Rhyolithböden (Porphyr)

Es sind kieselsäurereiche, dadurch helle und zähflüssige Laven aus der Zeit des Rotliegends. Lediglich Weinberge aus Rhyolithverwitterungssubstraten weisen sich als sehr steinig aus (daher sprechen Bodenkundler von einem hohen „Skelettanteil", der allerdings nichts mit Knochen zu tun hat) und haben einen gewissen Sand- und Tonanteil (Abb. 148). Sie sind weitestgehend kalkfrei. Die zu Tonmineralen verwitterten Feldspäte (Grübchen auf der Gesteinsoberfläche (vgl. Abb. 50 rechts)) können kurzfristig Feuchtigkeit binden, jedoch ist das Wasserrückhaltevermögen gering. Die Weinberge sind allgemein nicht sehr tiefgründig. Daher müssen die Rebwurzeln die Feuchtigkeit aus dem stark geklüfteten Rhyolithgestein des Untergrundes beziehen. Diese Weinberge bieten ein ideales Substrat für den Riesling (vgl. Abb. 144) mit ausgeprägter Säure in Verbindung mit etwas zurückhaltenden, fein prickelnden Fruchtaromen.

TERTIÄR-ZEITALTER (IN RHEINHESSEN ZWISCHEN 35 BIS 2,6 MILLIONEN JAHRE VOR HEUTE)

Die früheren Sedimente des Tertiärs spielen für den Weinbau keine oder nur eine sehr geringe Rolle, da sie vorwiegend im Untergrund verborgen liegen oder nur einen verschwindend geringen Anteil der Oberfläche einnehmen.
Der für den Weinbau bedeutsame untere Abschnitt der Gesteinsabfolge in Rheinhessen wird als **Selztal-Gruppe** (vgl. Tab. 1 S. 79) zusammengefasst. Bisher kannte man die Abfolge unter der Bezeichnung **Mergeltertiär**. Sie umfasst von der Alzey-Formation mit der gleichaltrigen Bodenheim-Formation die darüber folgenden und damit geologisch jüngeren Stadecken-, Sulzheim-, Jakobsberg- und Weisenau-Formationen.

Abb. 148 Rhyolith-Verwitterungsboden in einem Weinberg auf dem Steigerberg bei Eckelsheim

Muschelkalk

Muschelkalk … So sehr es vereinzelt im Wingert zu passen scheint, vergessen Sie diesen Begriff in Rheinhessen. Es gibt hier keinen Muschelkalk, auch wenn man diese Bezeichnung vereinzelt auf Weinflaschen findet. Denn wenn er tatsächlich in Rheinhessen vorhanden sein sollte, dann in Form von Blöcken zur Hangbefestigung in Neubaugebieten, die aus Baden-Württemberg oder Franken importiert wurden.

Muschelkalk ist die mittlere Zeiteinheit des geologischen Systems Trias (250 bis ca. 200 Millionen Jahre vor heute), die die Epochen Buntsandstein, Muschelkalk und Keuper umfasst. Die Gesteine des Muschelkalk-Zeitalters entstanden zwischen rund 245 und 235 Millionen Jahren vor heute. Vielfach sind es Sedimente aus grauen bis graubraunen massigen Kalksteinen. Je nach Region können im mittleren Abschnitt der Muschelkalkabfolge auch Gips- und Salzgesteine (Abb. 149–150) enthalten sein, die jedoch in Rheinhessen nicht vorhanden sind.

Abb. 149 Fasergips aus den Ablagerungen der Muschelkalk-Zeit bei Trier infolge von Verdunstung des Meerwassers

Abb. 150 Steinsalz, wie es in der Zeit des Muschelkalks infolge der Verdunstung von Meerwasser entstanden ist

Alzey-Formation (Unterer und Oberer Meeressand)

Unterer Meeressand

Weinberge auf Küstensedimenten der Alzey-Formation bieten Reben deutlich bessere Voraussetzungen als die zeitgleich entstandenen tonigen Sedimente der tieferen Meereszonen des Mainzer Beckens. Denn als tiefgründige Lockergesteine haben sie eine weitaus bessere Grundlage für eine breite Wurzelausbildung der Reben. Die Durchlüftung des Substrates ist grundsätzlich gewährleistet. Das Wasserrückhaltevermögen ist jedoch begrenzt, was sich besonders in heißen Sommermonaten bemerkbar macht. Daher sind an diesen Standorten die Reben strategisch gezwungen, einerseits oberflächennahe, andererseits aber zusätzlich tief reichende Wurzeln auszubilden, um eine gewisse Wasserversorgung zu gewährleisten (Abb. 151). Die Zusammensetzung der Substrate in den Weinbergen ist abhängig von den jeweiligen Küstengesteinen aus dem Rotliegend-Zeitalter. Der u. U. zur Verfügung stehende Kalkanteil beruht auf dem Vorhandensein von kalkigen Gehäusen bspw. von Mikrofossilien, fossilen Schnecken, Muscheln und Einzelkorallen (vgl. Abb. 67). Sandig-tonige Substrate sind eher bei Alzey verbreitet, während die kiesig-sandige, vereinzelt leicht tonige Variante die Region zwischen Eckelsheim, Siefersheim und Wöllstein prägt. Schottler & Scheu (1925: 5) bewerten diese Sedimente grundsätzlich mit der Feststellung: „Der Meeressand liefert tiefgründige, lockere, sandige und steinige Weinbergsböden von heller Farbe mit mäßigem Kalkgehalt, auf denen die Gelbsucht nicht vorkommt." Vom Charakter her tendieren die Weine häufig zu denen aus dem Nahe-Anbaugebiet. Riesling-Reben bspw. können säurebetonte Weine mit gleichzeitig dezenten Fruchtaromen ausbilden. Auf kalkfreien Substraten treten Fruchtaromen weitgehend in den Hintergrund.

Oberer Meeressand

Die Lockersedimente des Oberen Meeressandes unterscheiden sich als Substrate für den Weinbau kaum von denen des Unteren Meeressandes. Die zeitgleichen etwas toniger ausgebildeten, oftmals aber feinsandigen Beckensedimente der Stadecken-Formation (s. u.) weisen eine etwas veränderte Zusammensetzung auf als die ältere, rein tonige Bodenheim-Formation. Speziell im Raum Stadecken bilden sie geeignete Substrate für Weinberge. Der Glimmer- und Feinsand-Anteil der Tonmergel führt zu einer verbesserten Durchlässigkeit von Niederschlagswasser, aber dennoch zu einem gewissen Wasserrückhaltevermögen. Außerdem fördert der fein verteilte Kalkanteil in den Tonmergeln in dezenter Weise die Fruchtaromen im Wein.

Bodenheim-Formation (Rupelton)

Die Sedimente des tieferen Meeresbodens sind in Rheinhessen schwerpunktmäßig in den Tallagen als tonige, wasserstauende und oberflächennah weitgehend entkalkte Substrate vorhanden. Schilfbewuchs kennzeichnet vielfach ihr Vorkommen. In der Landwirtschaft werden sie als Letten bezeichnet. Es sind schwere Böden, deren Durchlüftung Probleme bereitet. Daher sind sie meines Erachtens nach als Substrate für Weinberge wenig geeignet. Auch Schottler & Scheu (1925: 5) beurteilten das zur damaligen Zeit als Septarienton bezeichnete Sediment „... er liefert schwere, dem Weinbau nur selten dienende Böden, die meist in den Talsohlen und an den unteren Teilen der Gehänge liegen".

Abb. 151 Wurzelbahnen von ehemaligen Weinreben mit Kalkumkrustungen in etwa 10 m Tiefe in den Küstensanden des Steigerbergs (Maßstab Autoschlüssel)

Stadecken- bis Jakobsberg-Formation

Diese Abfolge bildet hauptsächlich die tieferen, mittleren und zuweilen höheren Hanglagen der rheinhessischen Plateaus. Als Substrat für Weinbergsböden kann die Sedimentfolge, beginnend mit der Stadecken-Formation (bisher Schleichsandmergel) über die Sulzheim-Formation (bisher Cyrenenmergel) und Jakobsberg-Formation (bisher Süßwasserschichten) (vgl. Tab. 1 S. 79) sowie die Weisenau-Formation (bisher Untere Cerithienschichten) grundsätzlich zusammengefasst werden. Die Sedimente bestehen im Wesentlichen aus tonig-schluffigen Sedimenten mit einem mehr oder weniger ausgeprägten Kalkanteil. Zuweilen sind sandige oder auch mehlartige kalkige Bänder zwischengelagert. Aufgrund dieser Wechsellagerungen können die Sedimente längere Zeit Feuchtigkeit binden. Bei andauernden Trockenphasen in heißen Sommern entstehen in den Weinbergsböden zuweilen bis 2 cm breite, tief reichende Trockenrisse.

Jede dieser Formationen enthält charakteristische Fossilien, die man zuweilen in den Weinbergen finden kann. Diese können jedoch durch Abtragungen in Hanglagen oder Rutschungen vermischt sein. Dann beginnt man am besten oben am Hang zu suchen. Immer wenn hangabwärts neue Formen hinzukommen, kann man einigermaßen sicher sein, sich in der nächsttieferen und damit geologisch älteren Formation zu befinden. Schwierig wird es jedoch, wenn der Winzer zur Verbesserung seiner Weinbergsböden ortsfremde Sedimente eingebracht hat.

Auf lange Trockenzeiten folgende intensive Niederschlagsphasen können in diesen Bereichen Hangbewegungen auslösen. Dann beginnen infolge stärkerer Wasserführung in den feinsandigen Zonen die tonigen Lagen zu schmieren. Erhöhter hydrostatischer Druck und zunehmendes Eigengewicht können Schollen in Bewegung bringen (Abb. 152).

Solange in diesen Arealen keine Staunässe infolge von Verdichtungen auftritt, scheinen sich diese Areale im Laufe der nacheiszeitlichen Entwicklung stabilisiert zu haben. Drainagen im Untergrund haben sich bewährt. Im Rahmen von Flurbereinigungen ist ein „sensibles Händchen“ angesagt, damit zur Ruhe gekommene Rutschareale nicht erneut in Bewegung geraten.

Abb. 152 Rutschung in den Weinbergen bei Ockenheim. Bildbreite etwa 4 m

Abb. 153 a–b Links: Spätburgunder, rechts: Silvaner

Die Weinbergslagen sind geprägt von unterschiedlich hohem, fein verteiltem Kalkanteil in tonig-schluffigen, teilweise wasserdurchlässigen, sandigen Sedimenten (sog. Tonmergeln). Daher können die Aromen der durchaus fruchtbetonten Weine dezent bis kräftig ausfallen und stehen im Einklang mit einer harmonischen Säure. In Weinbergen mit mehlartigen Kalklagen und tonigen Schichten in Wechsellagerung muss bei Verdichtung mit Staunässe und daraus resultierend mit Chlorose gerechnet werden (Schottler & Scheu 1925).

Die zuoberst liegende Weisenau-Formation ist weinbautechnisch eher unauffällig. Lange Zeit wurde sie in der Erforschungsgeschichte den damaligen Süßwasserschichten zugeordnet. Lediglich aufgrund eines etwas höheren Kalkanteils und den darin enthaltenen Mikrofossilien zeigt die tonig-mergelige Abfolge eine Trendwende an: Das Meer kam erneut ins Mainzer Becken zurück.

In der Zeit von etwa 24 Millionen Jahren im ausgehenden Oligozän bis vor rund 18 Millionen Jahren im unteren Miozän war Rheinhessen eine lichtdurchflutete Lagune mit Flachwassersedimenten (vgl. Abb. 79). Das Klima war subtropisch. Daraus folgend prägt eine Wechselfolge von hellen Kalksteinen, Kalkmergeln und dunkleren Tonmergeln die

Karst

Überall dort, wo Kalksteine die heutige Landschaftsoberfläche bilden, sehen wir die charakteristischen Spuren der Kalkverwitterung durch Niederschlagswasser. Diese Phänomene in den Steinbrüchen bei Gundersheim (Abb. 154) sind für Rheinhessen in dieser Hinsicht eindrucksvoll. In anderen Regionen, die von älteren Kalksteinbildungen geprägt sind, erreicht die Verkarstung eine völlig andere Dimension, da die Verwitterung schon einige Millionen Jahre früher einsetzte als in Rheinhessen. Dort wird das Landschaftsbild markant geprägt von Kalklösung und -ausfällung. In gleichem Maß imposant sind Bildungen im Untergrund wie Karsthöhlen, insbesondere Tropfsteinhöhlen mitsamt ihrem fantastischen Formenschatz an Kalkausfällungen. Solche Landschaften finden wir besonders auf der Schwäbisch-Fränkischen Alb, im Schweizer Jura, in den Nördlichen und Südlichen Kalkalpen, in Südchina mit den unverwechselbaren Karsttürmen und in Slowenien. Nach dem in der dortigen Landschaft Karst verbreiteten Erscheinungsbild wurde das Erscheinungsbild Verkarstung (Kalklösung und -ablagerung) benannt.

Abb. 154 Kalksteinverwitterung und daraus resultierend die Bildung von Eisenoxiden (Bohnerze) im Steinbruch Rosengarten bei Gundersheim

Region. Diese Sedimente bilden die obersten Hanglagen und damit das „Dach“ der in der Gegenwart für Rheinhessen so typischen Plateauberge. Kalkalgenriffe nahe dem Oberrheingraben bestehen aus nahezu reinen Kalksteinen.

Im übrigen Bereich der Lagune entstanden vorwiegend horizontal geschichtete Wechselfolgen von Kalkbänken, Kalkmergeln, Mergeln und tonigen Lagen, die vielerorts den Untergrund der Weinberge in Rheinhessen bilden. Sie prägen in besonderer Weise Regionen, die traditionell für ihre exzellenten Rotweine einen hohen Bekanntheitsgrad erlangt haben (Abb. 153a), wie z. B. Weine aus Ingelheim, Gau-Algesheim und Gundersheim. Inzwischen hat sich jedoch überall in Rheinhessen die junge Generation im Weinbau darauf spezialisiert, an früheren Standorten bestimmte Rebsorten, wie bspw. den Silvaner (Abb. 153b), optimal dem jeweiligen Substrat des Weinberges anzupassen.

Mainz-Gruppe

Für die **Mainz-Gruppe** (vgl. Tab. 1 S. 79) erscheint es sinnvoll, die verschiedenen Formationen der kalkgeprägten Schichtenfolge wegen ähnlicher Auswirkung auf die Reben zusammenzufassen. Weinberge in Rheinhessen sind bevorzugt in den Hangbereichen der Plateaus angelegt oder auf deren nach Westen, Süden oder Osten geneigten Oberkanten. Unterhalb der Hangkanten prägen die ursprünglichen horizontal lagernden Sedimente den Untergrund der Weinberge, während die Hochebenen meist für den Anbau von Getreide und Zuckerrüben genutzt werden. Bereits wenige Zehnermeter tiefer sind die kalkigen Abfolgen an vielen Stellen durch unterschiedlich alte Rutschungen verlagert. Besonders in tieferen Hanglagen sind die Sedimente der unterschiedlichen Einheiten im Einflussbereich der Erosion (Abtragung) stark verwittert und ver-

Abb. 155a–b Links: Scheurebe, rechts: Chardonnay

mischt. Die Verwitterungszone kann unterschiedlich dick sein, zuweilen kann sie weitgehend fehlen. Dann müssen sich die Rebwurzeln einen Weg in den geklüfteten Kalkabfolgen suchen, wobei Tone zusätzlich manchmal das Eindringen erschweren können.

Niederschläge haben im Laufe der Zeit Kalk- und Mergelsteine an- und aufgelöst. Verkarstungserscheinungen sind die Folgen. Zurück bleibt vielfach ein kalkhaltiges Ton- und Sandgemisch mit wechselndem Eisenanteil sowie mehr oder weniger große verbliebene Kalksteinbrocken in und auf den Böden. Aber vielerorts ist die Verfügbarkeit an Kalk übermächtig. „Die Böden dieser Kalkstufen Rheinhessens sind häufig Gelbsuchterreger" (Schottler & Scheu 1925: 7).

Vorwiegend tonig geprägte Substrate können Wasser speichern, aber nicht zwingend grundsätzlich für Pflanzen verfügbar machen. Vergleichbar mit den Tonmergeln des tieferen Untergrundes entstehen in heißen, niederschlagsarmen Sommern zentimeterbreite, metertiefe Risse in den Böden. Ursache sind einerseits bei Nässe quellfähige, andererseits bei Trockenheit wieder schrumpfende mikroskopisch kleine Tonminerale im Boden. Wenn im Herbst und Winter niederschlagsreiche Phasen folgen, kann

Wasser rasch in den tieferen Untergrund gelangen und dort die rutschanfälligen tonig-sandigen Abfolgen durchnässen.
Für eine längerfristige Wasserhaltung sind da schon eher lehmige Böden geeignet. Kalkig-mergelige Substrate in Verbindung mit Eisenoxid-Mangan-Anteilen (Braunfärbung) bilden die Basis für unverkennbar aromabetonte, vielfach mit dem breiten Spektrum tropischer Früchte spielende Weine. Scheurebe oder auch Chardonnay (Abb. 155a–b) können hier ihr Potenzial ausspielen. Von den Roten (vgl. Abb. 136) ganz zu schweigen!

Eppelsheim-Formation

An zahlreichen Standorten haben die Sedimente des Ur-Rheins nur geringen bis keinen Einfluss auf Reben, da sie vielfach von mächtigen Lösssedimenten überdeckt sind. Allerdings bilden im nördlichen Rheinhessen zwischen Aspisheim und Vendersheim die Flussablagerungen an einigen Stellen die Oberfläche der Weinberge. Die Sande und Kiese als „Restschotter" sind grundsätzlich kalkfrei. Ursprünglich vorhandene kalkige Kiesbestandteile sind vollständig weggelöst. Das Regenrückhaltevermögen ist sehr gering, es sei denn, im Untergrund sind Tonlinsen im ehemaligen Flusslauf entstanden. Dort kann sich Wasser über viele Tage hinweg halten.

Dorn-Dürkheim-Formation

Das Vorkommen hat lediglich geringe Ausmaße. Somit ist der Einfluss auf den Weinbau vernachlässigbar. Außerdem gibt es derzeit keine Kenntnisse über den weiteren Verlauf des damaligen Flusssystems.

QUARTÄR-ZEITALTER (2,6 MILLIONEN JAHRE VOR HEUTE BIS ZUR GEGENWART)

Löss

Der Löss in Rheinhessen und in der Vorderpfalz stammt weitgehend aus den gefriergetrockneten Überflutungsebenen und den Schotterfluren des Rheins. Als Substrat im Weinberg ist er eine optimale Verbindung von Boden und Rebe (vgl. Abb. 32 und 99).
Lössablagerungen werden zuweilen mehrere Meter mächtig (vgl. Abb. 132 und 175). Sie haben ein hohes Wasserspeichervermögen, fast wie ein Schwamm. Reben, die auf felsigem oder auch rein sandigem Untergrund stehen, bekommen in heißen Sommern Trockenstress. Dagegen geht es Reben auf Löss dann noch lange Zeit recht gut. Durchlüftung und Erwärmung sind wegen der feinporigen Struktur im Löss grundsätzlich gewährleistet. Rebenwurzeln können sich im gering verfestigten Substrat problemlos ausbreiten. Feinkörnigkeit bedeutet große Oberflächen der winzigen Partikel, aus denen die Wurzeln mit der vorhandenen Feuchtigkeit die zur Fruchtbildung benötigten Mineralstoffe in Form von Kat- und Anionen beziehen. Fein verteilter Kalkanteil im Löss bis zu 20 % hat Einfluss auf prägnante Fruchtaromen. Im Wechselspiel mit dezenter Säure kann sich eine prickelnde Balance im Wein entwickeln.
Weite Teile Rheinhessens und der Vorderpfalz sind mit Lösssedimenten überdeckt. Im Zusammenspiel mit den unter den Weinbergsböden lagernden unterschiedlichen Gesteinen aus der Erdgeschichte können sich ungeahnt vielschichtige Aromakombinationen entwickeln.

GEOLOGISCHE THEMENWEGE UND FUNDSTELLEN

Rheinhessen präsentiert sich touristisch immer noch etwas zurückhaltend und dennoch selbstbewusst. Ein Leitspruch lautet: Mer strunze net, mer hun. Oder anders ausgedrückt, wir prahlen nicht, wir haben. Mit diesem Bewusstsein ist eine neue Generation rheinhessischer Winzer inzwischen an die Weltspitze vorgestoßen.
Decken Sie sich am besten vor den Wanderungen mit den wesentlichen kulinarischen Bestandteilen einer regionalen rheinhessischen Brotzeit ein. Weck (Brötchen), Worschd (Fleischwurst) und Woi (Wein vom regionalen Winzer). Alternativ natürlich auch mit vegetarischen oder veganen Köstlichkeiten. Die eine oder andere Flasche Mineralwasser löscht darüber hinaus den Durst. Denn unterwegs finden Sie an einigen ausgewählten Stellen die Möglichkeit für eine Rast mit eindrucksvollen Ausblicken über die grandiose Landschaft.

KÜSTENWEG RHEINHESSEN

Kaum jemand wird in Rheinhessen einen Küstenweg erwarten. Und dennoch sind die Spuren des Meeres in der Region vielerorts in eklatanter Weise ersichtlich. Manchmal sind sie sogar in Weinbergen erhalten geblieben. Sie warten darauf, entdeckt zu werden. Nach 30 Millionen Jahren.
Ursprünglich hatte ich den „Küstenweg Rheinhessen" als Gesamtroute, dem Küstenverlauf vor 30 Millionen Jahren folgend, geplant. Sie sollte am Naturdenkmal „Trift" in Alzey-Weinheim (vgl. Abb. 156) beginnen, sich über die ehemalige Halbinsel bei Flonheim erstrecken, den Strandpfad der Sinne bei Eckelsheim einbeziehen, überleiten in den Inselrundweg zwischen Siefersheim und Neu-Bamberg sowie anschließend nach Alzey-Weinheim als Ausgangsort zurückführen.
Entsprechend der Vorgaben der Rheinhessen-Touristik musste ich meine ursprüngliche Konzeption aufgeben, aus der die nun einzelnen Rundwege entstanden:

- Rundweg „Weinheimer Bucht"
- Rundweg „Halbinsel bei Flonheim"
- „Strandpfad der Sinne" bei Eckelsheim
- Rundweg „Horninsel zwischen Siefersheim und Neu-Bamberg"

Abb. 156 Weinberge im Umfeld des Naturdenkmals Trift

Insgesamt elf Stationen auf diesen Rundwegen befassen sich mit damaligen Küstenverläufen, Gesteinen aus der Erdgeschichte und Fossilien. Auf die Zugänge zum Küstenweg sowie die jeweiligen Verläufe der einzelnen Rundwege wird über Übersichtstafeln in den eingebundenen Ortsgemeinden hingewiesen. Die Routen selbst sind mit regelmäßig überprüften Wegweisern ausgestattet. Auch mit dem Mountain- oder E-Bike ist der Küstenweg sicherlich eine außergewöhnliche Tour, die in Mitteleuropa einmalig sein dürfte.

Weinheimer Bucht bei Alzey

In der Ortsmitte von Alzey-Weinheim gibt es nur wenige Parkmöglichkeiten. Daher ist es ratsam, das Auto in der Nähe der Trift, an der Ecke Am Kapellenberg/Nieder-Wieser Straße, zu parken.

Der Küstenweg in der Weinheimer Bucht verläuft als 8,7 km langer Rundweg (Dauer: ca. 2,5 h) durch die Weinberge und Felder rings um Alzey-Weinheim (Abb. 156). Er verbindet die klassischen Fundstellen Trift, die ehemalige Sandgrube am Zeilstück sowie den ehemaligen Steinbruch an der Neumühle mit überlagerndem Meeressand – es sind Fundorte von Fossilien, die als Dokumente der Erdgeschichte in den Sammlungen der bedeutendsten Naturhistorischen Museen der Erde vorhanden sind. Um Fossilien zu sehen, muss man allerdings keine Weltreise unternehmen. Bereits das Museum in Alzey informiert in einem eindrucksvollen Querschnitt über die wechselvolle Erdgeschichte des Umlandes.

Von mehreren Stellen des Rundwegs, der sich größtenteils mit der *weinheimense*-Route (vgl. S. 156 ff.) überschneidet, hat man einen tollen Blick über die Weinheimer Bucht. Ein wenig Fantasie, und schon laufen die Wellen an die Küste an.

Die Trift

Das Naturdenkmal Trift ist eine ehemalige Abbaustelle, die etwa bis zum Zweiten Weltkrieg von mehreren Besitzern betrieben wurde. Die Meeressande entstanden an der Ostküste der Weinheimer Bucht. Auf den ersten Blick könnte man durchaus den Eindruck gewinnen, die Steilwand der Trift sei eine ehemalige Steilküste. Schaut man aber genauer hin, erkennt man an der Wand Abbauspuren der ehemaligen, nebeneinanderliegenden Sandgruben. Die damaligen Eigentumsverhältnisse erschließen sich über die Besitzer der darüber liegenden Weinberge.

Es sind schwach verfestigte gelbliche Sande der Trift, in denen man die weißen Schalen von unterschiedlichsten Meeresfossilien erkennt. In den vielen Fällen sind es die Schalen der Samtmuschel *Glycymeris* sp. (vgl. Abb. 8), die wir heute z. B. noch in Spanien finden. Sie belegen vorwiegend Sandstrände für diesen Abschnitt der Weinheimer Bucht. Während des Sandabbaus wurden etwa 300 Arten allein von Muscheln und Schnecken nachgewiesen. Sie waren im Sand der Trift verborgen und kamen v. a. während des damaligen Abbaus an die Oberfläche. Es war wohl ein optimaler Lebensraum in der früheren Küstenregion. Die damalige Küste lag vermutlich 50 bis 100 m hangaufwärts. Das Festland bestand aus Sandsteinen und vulkanischem Andesitgestein aus der Zeit des Rotliegends, die teilweise schon tiefgründig verwittert waren. Im Verlauf von Stürmen riss der Rückstrom der Brandungswellen den feinkörnigen Verwitterungsschutt von der Küstenlinie mit sich und lagerte ihn Schicht für Schicht unterhalb der Sturmwellenbasis auf dem Meeresboden ab. Die leicht von Nordosten bzw. Osten nach Südwesten geneigten Bänke verdeutlichen die ursprüngliche Neigung des Meeresbodens und die jeweils darüber angelagerten Sandschichten. Die Schichtenfolge der Trift ist quasi ein senkrechter Schnitt durch den Meeresboden.

Schwer vorstellbar? Stimmt! Aber ein kulinarischer Vergleich kann uns weiterhelfen. Denken Sie an eine frisch gebackene Schwarzwälder Kirschtorte, die gerade eben, umhüllt von Schlagsahne, fertiggestellt wurde. Den inneren Aufbau sehen wir allerdings erst, wenn wir ein Stück herausschneiden. Nun erkennen wir den dunkelbraunen gebackenen Teig, die Lagen mit Schlagsahne und den Kirschen. So ähnlich können wir uns einen Schnitt durch die verschiedenen Lagen des ehemaligen Meeresbodens vorstellen.

An mehreren Stellen der Steilwand fallen kugelförmige Gebilde auf und mehrere stärker verfestigte Sandsteinbänke. Ähnliche Kugeln, Geologen sprechen von Konkretionen, findet man auch in einigen anderen Sandgruben der Region, in denen derzeit Meeressand als Rohstoff

gewonnen wird. Schlägt man sie mit einem Hammer auf, entdeckt man in ihrem Innern manchmal Fossilien. Teilweise sind es Muscheln und Schnecken, vereinzelt Bruchstücke von Treibhölzern, selten Koniferen-Zapfen (vgl. Abb. 72), oder, wie ich erst kürzlich erfahren habe, Einzelplatten von Schildkrötenpanzern. Also Reste von Organismen, die im Sand der Küste eingelagert wurden. Organische Substanz, die beginnt, sich zu zersetzen. Im unmittelbaren Umfeld kann sich währenddessen der pH-Wert ändern und mit Sicherheit siedeln sich Bakterien an, deren Stoffwechselprodukte dazu beitragen, dass im Porenwasser des Sandes gelöste Stoffe wie Bariumsulfat ($BaSO_4$), auch als Schwerspat bekannt, oder Kalziumkarbonat ($CaCO_3$) ausfallen und die Sandkörner einbinden. Auf diese Weise können um die Fossilien Kugeln entstehen, die bei einer bestimmten Sedimentzusammensetzung sogar zu Sandsteinbänken anwachsen, wie man es an der Trift beobachten kann (s. o.). Die Kugeln selbst variieren meist zwischen Kirsch- und Apfelgröße, an der Trift erreichen sie teilweise Fußballgröße und bei Wöllstein vereinzelt Durchmesser von etwa 1 m. In der Umgangssprache kennt man die Konkretionen unter der Bezeichnung „Steinhardter Erbsen", benannt nach ihrem Vorkommen in Sandgruben des Ortes Steinhardt bei Bad Sobernheim. Dort werden ebenfalls Sande und Kiese der Alzey-Formation abgebaut.
An vielen Stellen kann man im hellbraunen Sand der Steilwand etwa 10 cm breite, mittel- bis dunkelbraune, nach unten halbkreisförmige Flecken entdecken. Es handelt sich dabei um Spuren von Rochen, die sich in hundertfacher Form in den Sedimenten wiederfinden.

Das Zeilstück

Im Nordwesten der Weinheimer Bucht liegt etwas versteckt das Naturdenkmal Zeilstück (Abb. 157). Bis in die 70er-Jahre wurde hier Sand abgebaut. Nach der Nutzung wurden die Gruben mit Abraum und Müll weitgehend verfüllt, bis es ab diesem Zeitpunkt als Naturdenkmal dauerhaft geschützt wurde.
Die Sedimente des Zeilstücks bestehen, wie auch die an der Trift, aus Küstensanden der Alzey-Formation (Unterer Meeressand). Sie unterscheiden sich dennoch in eklatanter Weise von denen der Trift. Die Neigung der angelagerten Sande ist den Sedimenten der Trift entgegengesetzt. Sie verlaufen an dieser Stelle von Nordwesten nach Südosten, aber dennoch wieder hin zum Zentrum der Weinheimer Bucht. Der größte Unterschied liegt in der Zusammensetzung der Sedimente. Im Gegensatz zur Trift sind hier Austernschalen massenhaft in den Sand eingelagert. Daher bestand am Zeilstück eine völlig andere Küstenökologie als an der Trift. Austern benötigen ein festes Substrat, auf dem sie mit einer ihrer Klappen anwachsen. Sandsteinfelsen aus der Zeit des Rotliegends bildeten hier die Küste. Felsküste anstatt Sandstrände. Eigentlich beste natürliche Umweltbedingungen für Austern. Demnach waren die ökologischen Bedingungen an diesem Küstenabschnitt ideal. Das Wetter jedoch oftmals nicht. Denn zuweilen tobten gewal-

Abb. 157 Naturdenkmal Zeilstück nach Entbuschungsmaßnahmen

tige Stürme über die Region und hinterließen chaotische Situationen an den Küsten. Zeugen für diese Unwetter sind gerundete Sandsteinblöcke und die darin enthaltenen Ausspülungen. In den Sturmphasen wurde ein Großteil der Austern durch die Wucht der Brandung von den Felsen losgerissen und im aufgewühlten Meeressand eingelagert. Frei auf dem Meeresboden liegende Klappen (Geologen sprechen von Muschelpflaster) boten der nächsten Generation mobiler Austernlarven scheinbar einen stabilen „Hartgrund" zur Ansiedlung. Bis zum nächsten Sturm. Es ist keine Seltenheit, dass mehrere jüngere Generationen auf älteren Schalen aufgewachsen sind. Ebenso wie weiße, oftmals gekrümmte dünne Röhren. Sie stammen von Röhrenwürmern, deren meist bunte Tentakelkronen wir aus Unterwasserfilmen kennen oder beim Tauchen erlebt haben. Kleine, an Vulkankrater mit zentralem Loch erinnernde Formen stammen von Seepocken (vgl. Abb. 68). Im Urlaub am Meer sind sie Ihnen bestimmt kurz unterhalb des Wasserstandes an Felsen, Hafenmolen und anderen Festgründen schon aufgefallen.

Neben dickschaligen Austern der Art *Pycnodonte callifera* sind zuweilen auch sog. Stachelaustern der Gattung *Spondylus* im Meeressand vorhanden. Sie unterscheiden sich von anderen Austernarten durch ihre weißliche Innenseite. Ebenso wie die kleinen rübenförmigen Einzelkorallen gelten sie als Spalten- und Höhlenbewohner der Brandungszone. Die meist bis zu 2-Euro-Stück großen, nahezu kreisrunden Schalen der kleinen Austern *Chama brauni*, bis vor Kurzem noch als *Chama weinheimensis* benannt, sind charakteristische Bewohner im Küstenabschnitt des Zeilstücks (vgl. Abb. 13). Viele der großen, dicken Austernschalen weisen bis zu 1 cm Durchmesser große, röhrenförmige Löcher auf. Sie entstanden von Bohrmuscheln der Gattung *Lithophaga* sp., die in den dicken Schalen einen Wohnraum fanden.

Den Wegweisern folgend, führt uns der Küstenweg durch die Weinberge an die Südseite von Weinheim – dort haben wir des Öfteren eindrucksvolle Blicke auf den Donnersberg und sein Umland.

Die Neumühle

Der ehemalige Steinbruch an der Neumühle ist weitgehend verfüllt. Lediglich ein kleiner Teil im oberen Bereich über den Sandsteinen aus dem Rotliegend ist noch erhalten (vgl. Abb. 14). Er umfasst erneut den Brandungsbereich oberhalb des Festgesteins an der Südküste der Halbinsel. Jetzt sind wir an der östlichen Außenseite der Weinheimer Bucht. Erhalten sind von der Brandung geformte Sandsteinblöcke, die in Meeressand aus dem Zeitbereich vor 30 Millionen Jahren eingebettet sind. Man erzählt, in einem Eimer Sand seien bis zu 20 Haizähne enthalten gewesen (vgl. Abb. 69). Hier war wohl damals **die** Haifischzahn-Fundstelle im Mainzer Becken. Überlagert werden die Küstensedimente aus der Küstenregion der Alzey-Formation (Unterer Meeressand) von tonig-mergeligen Stillwassersedimenten der Bodenheim-Formation (Rupelton).

Wie kann es geschehen, dass Stillwassersedimente aus größerer Meerestiefe die Flachwassersedimente der Küste überlagern? Es ist ein Prozess des relativ raschen Absinkens von sandig-kiesigen Küstenbereichen aus der Brandungszone in Tiefen des Meeres, in denen sie nicht mehr dem Einfluss der Wellen ausgesetzt sind. Dann entstehen an dieser Stelle Stillwassersedimente in Form von Tonen bzw. Tonmergeln. Geologen sprechen von der sog. Walther'schen Faziesregel. Sie beruht auf einer nach Prof. Johannes Walther im Jahr 1894 benannten Erkenntnis, dass unterschiedliche Ablagerungsräume, die zeitgleich nebeneinander vorkommen, sich im Wandel der Zeit auch überlagern können. Die Absenkung der Küste im Mainzer Becken bei gleichzeitigem Anstieg des Meeresspiegels ist an vielen Stellen der ehemaligen Küste belegt. Insbesondere an den Felsen des Brandungskliffs am Steigerberg.

Nach der Verfüllung des eigentlichen Steinbruchs wurden die verbliebenen Reste im höheren Bereich als Naturdenkmal unter Schutz gestellt und eingezäunt. Im Laufe der Jahre hatte die voranschreitende Verbuschung die Fundstelle weitgehend überdeckt. Idealisten des Mittelrheinischen Geologischen Vereins haben es sich zusammen mit ehrenamtlichen Helfern unter der Koordinierung von Alex Streb zur Aufgabe gemacht, die Klassiker Neumühle und Zeilstück durch Freistellungsmaßnahmen dauerhaft für Forschung und Tourismus sichtbar zu machen. Dabei gewinnen sowohl Geologie als auch in gleichem Maß die Biologie. Von hier aus führt uns die Beschilderung mit Blick auf Weinheim und die Trift im Hintergrund vorbei am Weingut und Campingplatz Gutenborner Hof zurück zum Ausgangspunkt.

Halbinsel bei Flonheim

Parkplätze findet man an der Berliner Straße in Flonheim oder an der Geistermühle in Flonheim-Uffhofen.

Ein weiterer Teil des Küstenweges verläuft teilweise entlang der ehemaligen Halbinsel und ihres Untergrundes im Südwesten des Mainzer Beckens bei Flonheim. Die Weglänge beträgt etwa 8,2 km (Dauer: 2 h) und führt durch das Naturschutzgebiet des Aulheimer Tals sowie die angrenzenden Weinberge.

Start dieses Rundweges ist der Marktplatz im Zentrum Flonheims, das im 19. Jh. einer regen Steinbruchindustrie angehörte. 18 Steinbrüche sollen es insgesamt gewesen sein. Einige der inzwischen aufgegebenen Steinbrüche im Südosten der Ortsgemeinde sind noch erhalten. Damals wurde sogar eine Bahnlinie zum Transport der Sandsteinblöcke eingerichtet. Die Naturwerksteine fanden im Umfeld bis nach Mainz und Worms, in besonderem Maße jedoch auch zum Bau des Kölner Doms Verwendung. Im Ortskern von Flonheim selbst sind zahlreiche historische Gebäude aus diesem Sandstein zu sehen. Dazu gehören u. a. die doppelspitzige evangelische Kirche auf dem Marktplatz, das historische Rathaus mit seinen Rundbögen und insbesondere die im klassizistischen Stil erbaute Apotheke (vgl. Abb. 46). Die Inneneinrichtung soll sich noch im Originalzustand befinden. Höchste Zeit, endlich mal reinzuschauen!

Abb. 158 Der Trullo von Flonheim aus dem Jahr 1756

Nach kurzer Strecke zweigt rechts in spitzem Winkel die Bahnhofstraße ab, der wir folgen. Unmittelbar nach der alten Eisenbahnbrücke geht ein unbefestigter Weg nach links. Hier erreichen wir nach wenigen Hundert Metern auf der linken Seite die zerfallenen Gebäude des ehemaligen Bahnhofs. An der gesperrten Zufahrt zum teilweise verfüllten ehemaligen Steinbruch kann man einen Blick auf seine Auffüllmassen und Steilwände werfen.

Zurück führt unser Weg zur Bahnhofstraße und dort links hangaufwärts zum Naturfreundehaus. Es ist sonn- und feiertags ab 13 Uhr geöffnet und lädt dann zu einer Rast ein. Durch die Bäume erkennt man in etwa 300 m Entfernung eine Steilwand des früheren Steinbruchs. Auf dem Gelände des Naturfreundehauses beginnt hinten links ein Pfad zu zwei ehemaligen Steinbrüchen. Es ist kein offiziell ausgewiesener und daher kein unterhaltener Pfad im Wald. Aus diesem Grund kann er lediglich auf eigene Gefahr begangen werden. Besonders nach dem Winter oder nach Starkregen muss mit Steinschlag gerechnet werden. Überall hängen Ranken von Clematis und

Efeu von den Bäumen. Eindrücke von Dschungel kommen auf. Sind wir auf Zeitreise?
Sobald nach einigen Zehnermetern die ersten senkrechten Felsen erreicht werden, stehen wir vor einem der zahlreichen aufgelassenen Steinbrüche. Vielfach sind alte Bearbeitungsspuren an den Steilwänden erkennbar. Bis zu zwei Dritteln der Höhe stehen teilweise kompakte massige, teilweise geschichtete hellbraune Sandsteine an. Nach oben hin ändert sich die Gesteinsfarbe nicht. Jedoch die Gesteinsstruktur. Ab einem bestimmten Niveau fallen die Brutröhren von Wildbienen im Sediment auf. Sie können lediglich im überlagerten, schwach verfestigten Meeressand angelegt werden. Der Sandstein darunter wäre schlicht und einfach zu hart für die Anlage von Brutröhren. Der Obere Meeressand (Alzey-Formation höherer Teil) ist ganz offensichtlich durch Verwitterung und Abtragung der darunterliegenden Sandsteine an der damaligen Küste entstanden. Gelangt man bis zum Ende des hinteren Steinbruchs, erkennt man den Anstieg des Meeressandes über den kompakten Felsen nach rechts oben. Von Westen her liefen die Wellen des rheinhessischen Meeres gegen die östlich ansteigende Sandsteinküste der damaligen Halbinsel an. An dieser Stelle erhält man einen einzigartigen, dreidimensionalen Eindruck von der Küstensituation vor etwa 27 Millionen Jahren. Die Küstensande beinhalten zuweilen dünnschalige Austernklappen und Schalen von Schinkenmuscheln in Perlmutterhaltung. Die geringere Artenvielfalt im Gegensatz zur Trift und zum Zeilstück in Weinheim belegt den allmählichen Süßwassereinfluss im Salzwassermeer des Mainzer Beckens. Es waren Brackwasser-Verhältnisse, ähnlich wie in der heutigen Ostsee oder im Schwarzen Meer. Wir gehen den Weg zurück zum Naturfreundehaus. Die Route des Rundwegs führt uns weiter hangaufwärts durch die Weinberge zu wenig bekannten, aber dennoch eindrucksvollen Aussichtspunkten. Wie von der Schutzhütte „Donnersbergblick“ oder etwas später beim Blick über Flonheim und das nordwestliche Mainzer Becken bis zum Hunsrück. Vorbei an einer langgestreckten Baumgruppe mit der Schutzhütte „Eibach-Wäldchen“ gelangen wir auf einmal an den Flonheimer Trullo (Abb. 158). Einem weißen, im Grundriss kreisrunden, nach oben hin spitz zulaufenden Weinbergshäuschen (auf rheinhessisch: Wingertsheisje) aus dem Jahr 1756. Es ist eines der Wahrzeichen von Flonheim und bei gutem Wetter ein perfekter Platz für eine Rast.
Zwei weitere Exemplare dieser Trulli stehen in Weinbergen im Umkreis von etwa 10 km. Die Bezeichnung Trullo stammt aus Apulien in Süditalien, wo die meist weißen Rundhäuser vielerorts als Vorratsspeicher, vereinzelt aber auch als Wohngebäude genutzt werden.
Den Wegweisern folgend, setzen wir unsere Tour in einigen Schleifen durch die Weinberge hinunter ins Aulheimer Tal fort (Abb. 159). Unten angekommen, treffen wir auf die Gebäudegruppe der Aulheimer Mühle. An Wochenenden könnte auch sie bei sonnigem Wetter geöffnet sein. Von hier aus begleiten wir den Aulheimer Bach nach rechts und gelangen nach etwa 700 m an die zweite geologische Station des Rundweges.

Abb. 159 Aufgelassene Andesit-Steinbrüche im Aulheimer Tal bei Flonheim-Uffhofen

Im Aulheimer Tal gibt es eine Reihe von ehemaligen, inzwischen weitgehend verbuschten Steinbrüchen (vgl. Abb. 159), in denen man bis in die 50er-Jahre des letzten Jahrhunderts das vulkanische Gestein Andesit (früher Melaphyr) als Schotter für Baumaßnahmen gewonnen hat. Andesit entstand vor rund 290 Millionen Jahren als glutflüssige Lava, die sich über die damalige Landoberfläche verbreitet hat. Am Standort der Infotafel im Aulheimer Tal, zwischen der Aulheimer Mühle und der Geistermühle gelegen, steht das dunkelgraue, basaltartige Gestein an der Böschung an. Infolge der Verwitterung hat die Gesteinsoberfläche teilweise eine braungraue Färbung erhalten. Sowohl im Gestein direkt auf dem Weg wie auch im Gesteinsschutt erkennt man vereinzelt kleine Einschlüsse aus Achat oder Quarzkristallen. Sie sind in Gasblasen der ehemals glühenden Lavaströme entstanden. Exotische Eindrücke in Rheinhessen.

Weiter geht es auf dem Feldweg in Richtung Westen. Die Mauern ehemaliger Weinberge in den Hanglagen der näheren Umgebung bestehen grundsätzlich aus Flonheimer Sandstein. Diese Tatsache belegt, dass Andesit wegen seiner relativ raschen Verwitterungsanfälligkeit nicht grundsätzlich als Mauerstein geeignet ist.

Kurz bevor wir den Wanderparkplatz bei der Geistermühle erreichen, biegen wir nach rechts auf den asphaltierten Weg ab, der uns ins Ortszentrum von Flonheim zurückführt. Es ist der Verlauf der ehemaligen Bahnlinie zwischen Wendelsheim und Flonheim. In Sichtweite von Flonheim folgen wir dem unbefestigten Wirtschaftsweg, auf dem wir schließlich den Ort erreichen. Vorbei an einem kleinen Park und der Adelberghalle mit Gastronomie gelangen wir zurück zum Ausgangspunkt.

Strandpfad der Sinne bei Eckelsheim

Weitere Informationen sowie Termine zu Führungen erhalten Sie unter www.der-strandpfad-der-sinne.de und www.eckelsheim.de/sehenswertes/brandungskliff oder aber in den Tourist-Infos in Alzey, der VG Wöllstein sowie der lokalen Presse.

Der 1,6 km lange Rundweg namens „Strandpfad der Sinne“ (Abb. 160) findet sich südlich von Eckelsheim und führt durch die Weinberge zwischen der Beller Kirche und der Kiesgrube. Auch wenn es sich hier um einen eigenständigen kleinen Wanderweg handelt, ist er dennoch in das Konzept des Küstenweges eingebettet. Wer sich auf diesen kurzen Rundweg begibt, kann Geologie und Erdgeschichte mit allen Sinnen erleben. Der Weg ist so konzipiert, als würde man vor 30 Millionen Jahren einen Strandspaziergang unternehmen. Im Gegensatz zu vielen Museen dürfen und sollen hier Steine und auch Pflanzen sogar angefasst werden. Pflanzen soll man riechen und schmecken können. Es könnte ein besonderes Erlebnis für Menschen mit Behinderung, insbesondere blinde Menschen sein, wobei der Weg aktuell noch nicht für behinderte Menschen zugänglich ist.

Der Rundweg startet an Station 1, etwa 100 m nördlich der Ruine der Beller Kirche, wo die ehemalige Meeresküste Sie begrüßt. Von dort gelangen Sie zu Station 2, die die kantige Felsenküste aus Rhyolith erklärt, die hier vor 30 Millionen Jahren durch Meeresbrandung entstand: Verwitterungsschutt aus Rhyolith wurde von der Brandungsenergie gerundet und geformt. Fasst man beim Vorbeigehen die glatte Oberfläche der Rhyolithgerölle an, spürt man fast schon förmlich die Energie der Wellen. Spaziert man auf dem Strandpfad weiter, wechselt die Geröllküste zur Kiesküste aus zerkleinertem Rhyolithschutt und im weiteren Verlauf zum Sandstrand. Wiederum aus Rhyolith, aber weiter

Abb. 160 Station 2 am Strandpfad der Sinne bei Eckelsheim

zerkleinert und von der Wellenenergie transportiert und sortiert. So, wie wir es an heutigen Hochenergieküsten erleben. Zuweilen erkennt man an Blöcken aus verfestigtem Meeressand diverse Fossilien und Strukturen grabender Tiere im Meeresboden. Auch barfuß können Sie die wechselnden Untergründe ertasten.
Der weitere Verlauf des Strandpfades führt Sie in einer Schleife in Form einer großen Acht nach rechts hoch zum nächsten Wegekreuz und dort weiter zu den übrigen neun Stationen mit unterschiedlichen Themenfeldern, die über Infotafeln erklärt werden: Geologie und Kräuter, Strandkies, Strandsand, Fenster in die Erdgeschichte, Brandungskliff und Fossilien, Rhyolith als Gestein der Insel, Geologie und Wein, Geologie und Landschaft sowie Geologie und Kultur.

Horn-Insel zwischen Siefersheim und Neu-Bamberg

Starten wir in der Ortsmitte von Siefersheim am Buswartehäuschen neben dem alten Rathaus. Dort steht eine Hinweistafel mit dem Verlauf des Rundwegs. Wenn Sie sich umdrehen, erkennen Sie das Straßenschild Sandstraße. Sie führt bergauf in Richtung der ehemaligen Horn-Insel im subtropischen Meer des Mainzer Beckens vor 30 Millionen Jahren. Nach dem Ortsrand zweigt ein Feldweg nach rechts ab. Nach etwa 40 m folgen wir dem Fußweg nach links ins Buschgelände und erreichen die ehemalige Kiesgrube. Teilweise ist der Rhyolithkies fest verbacken. Die Komponenten sind nicht so gut gerundet wie die im Kies drüben am Strandpfad. Das bedeutet, dass die Wellenenergie am hiesigen Küstenabschnitt deutlich geringer war als an der Westküste des Steigerbergs. Hangaufwärts folgt ehemaliger Strandsand. Vereinzelt sind kleinere Austernschalen im Sand eingelagert, teilweise kleine Einzelkorallen, die allerdings schlecht erhalten sind und leicht zerfallen. An der Hangneigung sowie dem Einfallen einiger Schichten kann man die Neigung der damaligen Küste erahnen.
Zurück auf dem Feldweg setzen wir den Weg nach Norden fort, bis wir auf den asphaltierten Wirtschaftsweg treffen. Ihm folgen wir hangaufwärts, bis wir auf der linken Seite oberhalb eines Weinbergs eine etwa 2 m hohe mit Gebüsch bewachsene Geländestufe treffen. An der Basis der Stufe kommt Rhyolith zutage. Neben rauen Oberflächenpartien, die wohl in früherer Zeit beim Roden des Weinbergs entstanden sind, fallen glattgeschliffene Abschnitte mit halbkugelförmigen, teilweise 30 cm große Vertiefungen auf (Abb. 161), bei denen es sich um Brandungsspuren handelt. Hier haben die Wellen zusammen mit der schleifenden Wirkung von aufgewirbeltem Sand und Kies das Festgestein glattgeschliffen. Die glatte Gesteinsoberfläche fühlt sich gut an, wenn man mit der Hand darüberstreicht.
Erneut folgen wir dem asphaltierten Weg wenige Meter aufwärts, bis wir eine Verebnung erreichen. Im Frühling blühen hier, wie an einigen

Abb. 161 Kliffstufe mit Brandungshohlkehlen bei Siefersheim. Bildbreite ca. 4 m

anderen Stellen, Küchenschellen auf nahezu substratfreiem Fels des Rhyoliths. Im Laufe des Sommers folgen weitere selten gewordene Pflanzen wie Graslilien.

An der nächsten Wegkreuzung biegen wir rechts ab und setzen unseren Weg hangabwärts den Wegweisern folgend fort in Richtung Wöllstein. An der ersten Straßenkreuzung biegen wir nach links ab in Richtung Appelbach und Ölmühle. Entlang des Appelbachs gelangen wir über eine ehemalige Eisenbahnbrücke zum aufgelassenen Rhyolith-Steinbruch des Ölbergs. Er steht inzwischen unter Naturschutz. Vermutlich war der Hügel eine kleine Insel mit einem nach Norden anschließenden Sand- bzw. Kiesstrand. Es genügt bereits, wenn wir uns am Eingangsbereich neben der Infotafel einen Überblick über den inneren Aufbau der ehemaligen Insel verschaffen. Vor uns steigen in großem Bogen die Steilwände des Steinbruchs auf. Die Felsen des Rhyoliths sehen sehr stark zerbrochen aus. Es sind jedoch keine Brüche wie bei Gesteinen, die hohen Kräften unterlegen sind. Es handelt sich hier um Schrumpfrisse beim Abkühlen der ursprünglich glühenden Rhyolith-Lava. Erkaltet Lava, dann schrumpft das ursprünglich glutflüssige Gestein von der Oberfläche her. Dabei entstehen Risse, die sich beim weiteren Abkühlen zunehmend ins Gesteinsinnere fortsetzen. Geologen sprechen von Absonderungsflächen. Für diese Abläufe der Gesteinsveränderung magmatischer Gesteine ist der Steinbruch am Ölberg ein eindrucksvolles Beispiel.

Wir gehen das kurze Stück zurück auf den Weg, umrunden rechts die Schranke und treffen nach wenigen Metern auf die Ölmühle. In den Sommermonaten ist sie an den Wochenenden geöffnet und bietet zahlreichen Gästen ein beliebtes Ausflugsziel. Anschließend folgen wir am Parkplatz der Ölmühle dem Weg nach links, bis wir nach wenigen Hundert Metern am Waldrand erneut auf eine kleine Metallbrücke stoßen. Nach der Überquerung des Bachs sind wir an der Appelbach-Schlucht angekommen. Man wähnt sich in einem Mittelgebirge und nicht im ansonsten eher waldarmen Rheinhessen. Hier beginnt auf der nahezu ebenen ehemaligen Bahnlinie der „Märchenweg“, bestückt mit Skulpturen der aus Wöllstein stammenden Bildhauerin Stefanie Neu-

Abb. 162 Austernfelsen als Basis eines Hauses in Neu-Bamberg

mann: von Pippi Langstrumpf über Mogli, das Urmeli, das Rumpelstilzchen, den Kleinen Muck bis am Ende zur Kleinen Hexe.
Im weiteren Verlauf des Weges gelangen wir vorbei an Fischteichen nach Neu-Bamberg. Auf dem steil ansteigenden Burgweg steigen wir hoch auf den Hügel mit der Kirche und der Ruine der im Dreißigjährigen Krieg zerstörten Neuen-Baumburg. Hier oben haben wir einen reizvollen Blick in Richtung Südwesten auf das Gestüt „Weidenmühle". Uns gegenüber der Scharenberg mit dem dahinterliegenden Steinbruch. Nach rechts folgt der kleine ehemalige Steinbruch von Neubamberg und nach Nordwesten hin der Blick auf den Anstieg des von

Die Entstehung der Rhyolithsäulen

Aktuelle Forschungen zur Säulenbildung in vulkanischen Gesteinen lassen den Einfluss von Wasser auf die glühende Lava erkennen (frdl. tel. Mitteilung von Prof. Volker Lorenz). Wir haben das Bild von Giant's Causeway in Nordirland vor Augen. Demnach könnte die rhyolithische Lava vor 290 Millionen Jahren an dieser Stelle einen nassen Untergrund, vielleicht einen kleinen See, überflossen haben. Die rasche Abkühlung am Grunde des glühenden Stroms könnte die Bildung von Rhyolithsäulen (Abb. 163) begünstigt haben. Nach Lorenz (1973) sind die Hügel zwischen Rheingrafenstein und Steigerberg Relikte eines zusammenhängenden Lavastroms vor rund 290 Millionen Jahren. Fließstrukturen im ursprünglich glühenden Gestein belegen diese Entstehung (Lorenz 1973: 155 f., Abb. 7). Walzenförmige Fließstrukturen im Fluss der zähen heißen Masse nahmen sowohl abgekühlte Krustenteile von der Oberfläche des Lavastroms (vgl. Abb. 51) wie auch Sedimentfragmente des überflossenen Untergrundes an der Lava auf. Überliefert im Rhyolith des Brandungskliffs am Steigerberg (l. c.: 156 f., Abb. 8). Engpässe im Labor des LGB und dienstliche Anordnungen standen damals weiteren Forschungen entgegen.

Abb. 163 Aufgelassener Steinbruch mit Rhyolithsäulenbildung bei Wonsheim

Geologen als „Kreuznacher Rhyolithdom“ bezeichneten bewaldeten Bergkomplexes. Bei Bad Kreuznach wird er von der Nahe in Rheingrafenstein und Rotenfels getrennt.
Unmittelbar neben der Kirche liegen einige Blöcke mit Austernfelsen. Ehemalige Strandkiese mit eingelagerten Austernschalen, durch die Ausfällung von Kalk zu Felsen verfestigt. Wir folgen der Hauptstraße bis zur Straßenkreuzung in der Ortsmitte. Im Ensemble historischer Gebäude ist der alte Torturm eingebunden, den wir durchqueren. An der Hirtenstraße finden sich zudem, fast unscheinbar, verfestigte Austernfelsen als Sockel von Wohngebäuden (Abb. 162). Schopp (1913: 54) berichtet über die Tatsache, dass die verfestigten Felsen zur Anlage der Keller von Wohngebäuden gesprengt oder zumindest die Keller herausgemeißelt werden mussten (Schopp 1905: 70). Eine vergleichbare Situation in der Region ist mir nicht bekannt. Auch überregional nicht. Daher ist die Stelle absolut sehenswert.
Abschließend führt uns der Rundweg zu einem weiteren stillgelegten Steinbruch, den an der Heerkretz, der vermutlich bereits im 19. Jh. betrieben wurde. In diesem alten Steinbruch stehen Rhyolithfelsen wie Orgelpfeifen nebeneinander („Die Säulen der Insel“), die besonders gegen Abend in der niedrigstehenden Sonne in Erscheinung treten. Einen direkten Zugang gibt es zu dem Steinbruch nicht, da dieser unter Naturschutz steht. Aus diesem Grund hat man daher den besten Einblick in die Gesteinsstrukturen, wenn man sich von der Infotafel etwa 100 bis 200 m nach Süden in Richtung des Wasserhäuschens begibt. Auf dem Betonweg nach Osten unterhalb der Gemarkung „Höll“ mit Felsgruppen aus Rhyolith gelangen wir, den Wegweisern folgend, vorbei an Wonsheim in Richtung Nordosten zurück nach Siefersheim zum Ausgangspunkt.

WEINHEIMENSE-ROUTE BEI ALZEY

Weitere Informationen finden Sie auf der Website www.weinheimense.de. Zudem bieten QR-Codes auf den aufgestellten Infotafeln weiterführende Informationen. Ein Faltblatt mit dem Verlauf des Rundweges ist in der Touristinfo in Alzey sowie im Weingut Born in Alzey-Weinheim erhältlich.

Die *weinheimense*-Route bei Alzey überschneidet sich mit dem Küstenweg der Weinheimer Bucht (Abb. 164), unterscheidet sich jedoch thematisch, da er schwerpunktmäßig nicht auf der Zeitschiene Rotliegend/Oligozän liegt, sondern geologische Zeiträume und Themen überschreitet. Insgesamt zwölf verschiedene Tafeln entlang der 10,5 km langen Route vermitteln Wissen über das Zusammenspiel von Geologie und Erdgeschichte, Klima, Kultur, Zoologie, Botanik, Landschaft und Wein.
Offiziell startet der Rundweg am Naturdenkmal Trift. Der Weg setzt sich hangaufwärts fort, zweigt allerdings kurz nach der Verbuschung nach rechts ab und führt, den Wegweisern folgend, oberhalb der Trift in Richtung Turm der Villa Heiligenblut. Das Ensemble Turm, Villa und Kapelle gehört zum Weingut Hannemann. An den Mauern des Weingutes angelangt, erläutert eine Tafel die Zusammenhänge zum Thema Tektonik mit Verschiebungen von Krustenteilen in Bezug zur Erdgeschichte.

Abb. 164 Blick über die Weinberge der ehemaligen Weinheimer Bucht

Anschließend folgen wir dem Weg rechts hangabwärts. Unterhalb der Mauer auf der rechten Seite bilden Andesit-Lavagesteine den Sockel. Vereinzelt erkennen wir typische rosettenartige Verwitterungsstrukturen in der dunkelgrauen Lava. In den Fugen der Rotliegend-Sandsteine der Mauer auf der linken Seite sind verschiedentlich kleine Schalenbruchstücke von Austern und der Samtmuschel *Glycymeris* enthalten. Der Sand des Mörtels zwischen den Mauersteinen stammt von der ehemaligen Sandgrube an der Trift.
Am schmiedeeisernen Tor der Kapelle angelangt, folgen wir dem Grasweg nach rechts. An der Kreuzung angekommen, führt uns die Straße „Am Weidenbaum“ über den Steinbach. An der nächsten Kreuzung erreichen wir rechts über den St.-Gallus-Ring vorbei an der romanischen Kirche St. Gallus das Postgässchen, dem wir links bis zur Hauptstraße folgen. Nach rechts gelangen wir vorbei an der evangelischen Kirche zum Ortsmittelpunkt.
Die dortige Informationstafel zeigt Zusammenhänge der Geologie mit Kultur in Form von regionalen Gebäuden auf. Nach links führt uns der Rundweg über die Georg-Neidlinger-Straße in Richtung Südosten. Kurz vor dem Friedhof zweigt er nach rechts ab, vorbei am Weingut „Gutenborner Hof“ mitsamt dem Campingplatz. Anschließend erreichen wir, dem Wegweiser folgend, das eingezäunte Naturdenkmal „Neumühle“ mit dem Thema „Hai-Society“, die frühere Fundstelle für Haizähne im Mainzer Becken.
Weiter geht die Route zum Labyrinth aus Hainbuchen-Hecken und zur Straße von Weinheim nach Offenheim. Nach der Überquerung der Straße erläutern die folgenden Tafeln die Zusammenhänge zwischen Geologie und Tierwelt, Gesteinen, Klima und Pflanzen. Dort können

wir u. a. allemal unsere Kenntnisse über pflanzliche Färbemethoden in der Vergangenheit erweitern.
Weiter geleiten uns die Wegweiser zu einem etwas versteckt liegenden Punkt mit dem Thema Eiszeitalter, das aus geologischer Sicht noch gar nicht allzu lange zurückliegt: Lössablagerungen mit Bodenbildungen als Zeugen des Klimawandels mit Warm- und Kaltphasen im Zeitraum der letzten 200.000 Jahre. Nach wenigen Zehnermetern gelangen wir zum Naturdenkmal Zeilstück (s. o.), wo man fossile Überreste verschiedener Austern begutachten kann.
Zurück auf dem asphaltierten Wirtschaftsweg folgen wir dem Wegweiser hangaufwärts. Vom „Bushaltehäuschen“ in den Weinbergen haben wir einen eindrucksvollen Blick über die Weinheimer Bucht in Richtung Alzey, sodass wir uns gut die vom Meer überflutete Weinheimer Bucht vorstellen können. Lassen wir diesen Ausblick auf uns wirken!
Der Wegweiser zeigt anschließend in Richtung Wäldchen, der „Steppenwald“, auf dem wir einen erweiterten Blick auf den Odenwald, den Pfälzerwald, den Donnersberg und im Westen das Nordpfälzer Bergland erhaschen. Genießen wir den überregionalen Rundblick.
Den Abschluss der Route bildet das Thema Weinbau mit dem Projekt „Weinkirche“, bevor wir zum Ausgangspunkt beim Naturdenkmal Trift gelangen.

BOHNERZWEG

Weitere Informationen finden Sie unter: https://www.wonnegau.de/bohnerzweg.

Der BohnErzWeg im Osten von Alzey ist ein Rundweg von 8 km Länge. Durch zahlreiche Querverbindungen zu den umliegenden Ortsgemeinden Gau-Heppenheim, Framersheim, Dittelsheim-Heßloch, Monzernheim und Hochborn bietet er auch kleinere Teilstrecken von 4 bis 5 km. In den Ortsmittelpunkten stehen Infotafeln zur jeweiligen Ortsgeschichte und verdeutlichen mit einer Skizze den Zugang und den Verlauf.
Der Themenweg entstand, als sich Interessierte aus der Region über die Bedeutung von Flurnamen Gedanken gemacht haben. Bspw. den Flurnamen „Alte Erzwäsche“. Erze in Rheinhessen? Die Recherchen ergaben, dass in historischer Zeit tatsächlich Vererzungen aus regionalen Sedimenten gewonnen und gewaschen wurden, bevor sie zur Verhüttung bei der alteingesessenen Firma Gienanth nach Eisenberg in der Nähe von Grünstadt transportiert wurden. Produkte waren häufig Geländer, Ofenplatten oder auch Brunnen. Doch die Nutzung dieser Vorkommen in Süddeutschland hat eine lange wirtschaftliche Tradition. Kelten und Römer haben bereits ihre Bedeutung erkannt. Auf der Schwäbisch-Fränkischen Alb und im Schweizer Jura haben sie Bohnerze als Rohstoffe zur Gewinnung von Eisen für Nutzgegenstän-

Abb. 165 *Rekonstruierte Erzwäsche am BohnErzWeg bei Gau Heppenheim*

de und Waffen aufbereitet. Grundsätzlich sind es Regionen, in denen mächtige Kalksteinabfolgen den Untergrund der Erdoberfläche bilden. Bohnerze (vgl. Abb. 89) liegen fast immer auf den noch vorhandenen Kalksteinen auf. Oder sind in den Einbruchstrichtern im Kalkstein, man spricht auch von Dolinen, angereichert. Oder an den Hangkanten der rheinhessischen Plateaus, an denen der überlagernde eiszeitliche Löss weitgehend abgetragen ist.

Im Osten von Gau-Heppenheim wurde im Flurstück „Alte Erzwäsche" eine Waschstation (Abb. 165) nachgebildet. Vermutlich war es ein zweckmäßiges und einfaches Holzgebäude, wohl so ähnlich, wie es die Nachbildung zeigt. Dort wurden die mit Ton und Sand vermengten Bohnerze gewaschen und zum Weitertransport nach Eisenberg vorbereitet.

Weitere Informationstafeln entlang des Weges behandeln u. a. die Themen Erzabbau und Transport, Terroir und Weinbau, Natur, regionale Wasserversorgung (Wasserhaus-Museum), Bohnerze, geologischer Aufbau des Plateaus sowie das Eiszeitalter und Löss in der Region. Zuweilen ergeben sich auf der Route unerwartet fantastische Blicke auf den Odenwald im Osten ebenso wie auch eindrucksvolle Perspektiven auf den Donnersberg im Westen.

Abb. 166 Gruppierung von Blöcken der „Goethe-Breccie“ am östlichen Stadtrand von Bingen

EINZELNE FUNDSTELLEN

Goethe-Breccie in Bingen

Ungefähre Lage: Mainzer Straße etwa 186, nahe der Binger Schiffswerft am Kempter Eck.

Während eines Kuraufenthaltes im Jahr 1814 in Wiesbaden unternahm Goethe eine Reise durch den Rheingau nach Bingen mit dem Ziel, zur Einweihung der in den napoleonischen Kriegen zerstörten Rochuskapelle bei Bingen am Rochusfest teilzunehmen (Beutler 1950: 5). In Begleitung von Freunden setzte Goethe daher am 15. August 1814 mit dem Schiff von Rüdesheim nach Bingen über den Rhein. „... ausgestiegen bemerkten wir sogleich mit geologischer Vorliebe am Fuß des Hügels wundersame Felsen [Abb. 166 , Anm. des Autors]. Der Naturforscher wird von dem heiligen Pfade zurückgehalten. Glücklicherweise ist ein Hammer bei der Hand. Da findet sich ein Konglomerat, der größten Aufmerksamkeit würdig. Ein im Augenblick des Werdens zertrümmertes Quarzgestein, die Trümmer scharfkantig, durch Quarzmasse wieder verbunden. Ungeheuere Festigkeit hindert uns, mehr als nur kleine Bröckchen zu gewinnen. – Möge bald ein reisender Naturforscher diese Felsen näher untersuchen, ihr Verhältnis zu den älteren Gebirgsmassen unterwärts bestimmen, mir davon gefälligst Nachricht, nebst einigen belehrenden Musterstücken, zukommen lassen! Dankbar würde ich es erkennen“ (Goethe 1817).
Ein weiteres Mal besuchte Goethe am 5. September 1814 den Rochusberg. Erneut beschäftigte ihn die Geologie des Berges: „Nun wendeten wir uns zu der niemals genug zu schauenden Aussicht und untersuchten sodann das Gestein. Auf der Höhe besteht es aus einem dem Tonschiefer verwandten Quarz, am Fuß gegen Kempten zu aus einer Art Totliegendem, welches aus scharfkantigen Quarzstücken fast ohne Bindemittel besteht. Es ist äußerst fest und hat außen durch die Verwitterung den bekannten Calcedonüberzug erlangt. Es wird billig unter die Urbreccien gerechnet.“ (Wagner 1926: 225, Schwedt 1998: 67).

Nach Wagner handelt es sich um eine Reibungsbreccie (zerbrochenes Gestein an den Verschiebungsflächen von Gesteinsschollen), die entlang einer großen westsüdwest-ostnordost verlaufenden Versatzlinie („Postvariscische Verwerfung“ nach Meyer & Stets 1996: 295) gebildet wurde. Die Komponenten der Breccie bestehen im Wesentlichen aus Unterem Taunusquarzit, untergeordnet aus Tonschiefer. Wenige Meter bergaufwärts ist der massive Taunusquarzit in einem Steinbruch aufgeschlossen. Die Gangbreccie wurde nach Ansicht der Autoren durch Kieselsäureausfällungen aus von größerer Tiefe aufsteigenden wässrigen Lösungen gebunden (Meyer & Stets l. c.). Wagner vermutete eine vortertiäre Störung, die im Tertiär reaktiviert und geweitet wurde.
Anderle et al. (2011) hingegen deuten die Breccie als im frühen Tertiär entstandenen und in späteren Phasen unter diversen Klimaten und Umweltbedingungen beeinflussten Hangschutt. Sie postulieren eine deszendente (von oben bis in den Grundwasserbereich reichende) Verkieselung der Komponenten.

Trollfelsen bei Münster-Sarmsheim

Im Westen von Münster-Sarmsheim, unweit von Bingen, ragen entlang des Trollbachtals gewaltige Felstürme und -wände (Abb. 167) aus den Weinbergen. Bereits auf dem Autobahnabschnitt der A 61 zwischen den Anschlussstellen Bingen-Mitte und Dorsheim sind die steil aufragenden Felsen in den Weinbergen als eindrucksvolle Elemente der hügeligen Landschaft zu sehen.
Um sie näher zu erkunden, zweigen wir im Süden von Münster-Sarmsheim nach Westen ins Trollbachtal ab in Richtung Rümmelsheim. Die den Trollbach begleitende Straße ist recht kurvig und unübersichtlich. Leider gibt es nur wenige Möglichkeiten, das Fahrzeug am Rand eines abzweigenden Feldweges zu parken.

Abb. 167 Trollfelsen bei Münster-Sarmsheim

Angekommen an einem Feldweg, nähern wir uns den Felstürmen (vgl. Abb. 167). Eckige Bestandteile vorwiegend aus Quarzit und Schiefer bilden das Gestein, welches der Wadern-Formation zugeordnet wird und in das Ober-Rotliegend datiert. Ab etwa 300 Millionen Jahren wurde das Rheinische Schiefergebirge infolge der Kollision von Kontinenten im Rahmen der Entstehung des Superkontinents Pangäa zum Hochgebirge aufgefaltet. In der Gegenwart sind Unwetter in den Wüstenebenen der Welt selten.

Sie finden stattdessen verstärkt in angrenzenden Gebirgsregionen statt. Dann rasen Sturzfluten in Rinnen zu Tal und reißen kurzfristig alles mit, was sich ihnen in den Weg stellt. Verflacht die Landschaft hin zur Wüstenebene, lässt die Fließgeschwindigkeit der Strömung nach. Die mitgeführte Sedimentfracht bleibt je nach Größe abnehmend liegen. Schwemmfächerablagerungen entstehen (vgl. Abb. 43). Geologen sprechen von Fanglomeraten. So, wie hier im Trollbachtal.
Stellenweise wurden die Fanglomerate durch Ausfällung von Kieselsäure verfestigt und widerstanden dadurch der Abtragung. Die weniger stark verfestigten Sedimente der Umgebung wurden insbesondere bei der Heraushebung der Mittelgebirge vor etwa 3 Millionen Jahren verstärkt abgetragen und die Felstürme und -wände freigestellt. Ob die Abläufe der Verkieselung ähnlich verliefen wie bei der Entstehung der „Goethe-Breccie"? Im Dahner Felsenland prägen ähnliche Felstürme aus der Buntsandstein-Zeit die Region des Wasgaus (vgl. Abb. 45).

Roter Hang bei Nierstein

Am Roten Hang ist der Niersteiner Wartturm aufzufinden, der mit einer Höhe von 11,3 m der höchste Aussichtspunkt in den Weinbergen ist.

Umgeben von Kalksteinen aus dem Tertiär (rund 24 bis 20 Millionen Jahre) des Mainzer Beckens ragen Gesteine aus der Zeit des Rotliegends (Unter-Perm, hier ca. 270 Millionen Jahre) wie eine Insel am östlichen Rand von Rheinhessen auf: der Rote Hang zwischen Nackenheim und Nierstein (Abb. 168). Er stellt das Ostende des sog. Alzey-Niersteiner Horstes dar, einer Hochzone aus Gesteinen der Rotliegend-Zeit zwischen Alzey und Nierstein. Weitgehend überdeckt von Sedimenten der Tertiär-Zeit.
Die relativ steile Neigung des Roten Hangs nach Südosten, die Weinbergsverwitterungsböden aus dunklen, vielfach rotbraunen Sand- und Schluffsteinen mit geringem Kalkanteil sind in Verbindung mit dem klimatisierenden Einfluss des Rheins wohl beste Voraussetzungen

Abb. 168 Der Rote Hang als Nordost-Ende des Alzey-Niersteiner Horstes

für erstklassige Weine von Weltruf (Abb. 168). Insbesondere Riesling-Reben finden hier ein optimales Terroir.
Am nördlichen Ortsrand von Nierstein starten wir unsere Erkundungstour in Richtung Norden. Der Weg führt allmählich hangaufwärts. Die uns begleitenden Weinbergsmauern bestehen weitgehend aus Kalksteinen der Tertiär-Zeit. Wo sie enden, treten nun links des Weges an steilen Bereichen geschichtete rote bis rotbraune Sand- und Schluffsteine zunehmend zutage. Es sind Sedimente, die weitgehend die Weinbergsböden des Roten Hangs prägen (vgl. Abb. 145). Einige Winzer bezeichnen sie immer noch als rote Schiefer.
Der Rote Hang birgt einige Geheimnisse, die er nur zuweilen offenbart. Sie liegen, wie der sagenumwobene Nibelungenschatz, im Einflussbereich des Rheins verborgen. Bei Niedrigwasser fallen die Sedimente der Rotliegend-Zeit im Rheinniveau trocken. Fährt man auf der B 9 von Nierstein in Richtung Mainz, erkennt man dann kurz vor der Insel Kisselwörth die geschichteten Sandsteine. Dann wird der Boden des Rheins an dieser Stelle begehbar. Ein Boden, der bereits vor rund 270 Millionen Jahren am Grund eines Sees entstanden ist. Damals haben Wellen den Seeboden gekräuselt. Die versteinerten Wellenrippeln finden wir heute auf den feinkörnigen Sandsteinplatten. Und bei normalem Wasserstand fließt in der Gegenwart der Rhein darüber. Es fasziniert mich immer wieder, dass sich nach dramatischen Verläufen der Erdgeschichte über Hunderte von Millionen Jahren an derselben Stelle erneut ähnliche ökologische Verhältnisse einstellen können.

Kalksteinbrüche Rosengarten bei Gundersheim

Es ist unbestritten ein etwas längerer Weg von der Ortsgemeinde Gundersheim zu den Kalksteinbrüchen (Abb. 169) in der Gemarkung Rosengarten. Aber er lohnt sich. Inzwischen sind sie ein sensibles Naturschutzgebiet. Beachten Sie bitte die Anweisungen, die vorgegebenen Pfade nicht zu verlassen, da die umliegenden, steil aufragenden Kalksteinfelsen die Gefahr von Steinschlag bergen.
Um zum Steinbruchgelände zu gelangen, bietet es sich an, das Fahrzeug in der Nähe des in Gundersheim ausgeschilderten Bahnhofs in der Bahnhofstraße zu parken. Über die Zeller Straße kommen wir durch die Bahnunterführung bei der Autowerkstatt am Ortsrand an eine Wegkreuzung. Wir folgen dem Weg „Am Kalkofen" nach rechts. Nach etwa 200 m nehmen wir an der Landwirtschaftshalle den im spitzen Winkel links abzweigenden Weg in Richtung von zwei weiteren Hallen. Dort setzen wir den Weg geradeaus fort und treffen nach etwa 100 m auf der linken Seite auf einen ehemaligen, mit zwei Rundbögen versehenen Kalkofen. Etwa 600 m weiter erreichen wir nach zwei Wegkreuzungen linker Hand den unteren Zugang zum Steinbruchgelände. Durch das verbuschte Areal folgen wir nach der Schranke einem „Hohl-

Weitere Informationen finden Sie unter: https://wonnegau.bund-rlp.de/themen-und-projekte/naturschutzgebiet-kalksteinbrueche-rosengarten/.

weg", bis sich nach wenigen Zehnermetern der Blick in das ehemalige Steinbruchgelände weitet, umrandet von bis zu 10 m steil aufragenden Kalksteinwänden. Sie bestehen vorwiegend aus Algenkalken (Abb. 170) der Hochheim-Formation, die noch vor wenigen Jahren als Mittlere Cerithienschichten bzw. als Landschneckenkalk bezeichnet wurden. Teilweise werden sie von Gesteinsbänken der Oppenheim-Formation (früher: Unterer Teil der Oberen Cerithienschichten) überlagert (Schäfer 2012: 210). Die botanische Vielfalt des Naturschutzgebietes ist außergewöhnlich. Bitte nicht drauftreten beim Fotografieren!

Wir folgen dem in weitem Bogen nach links verlaufenden Pfad. An den nach oben führenden Stufen erkennen wir auf der linken Flanke die Gelb- und Rotfärbung von tonig-sandigen Partien im höheren Teil der Felsen. Infolge der Kalklösung konzentrierten sich in den Rückständen vorwiegend Eisenoxide. Hier sehen wir ein frühes Stadium der Bohnerzbildung. Auch Steine können demzufolge „rosten".

Am oberen Ende der Stufen fallen unübersehbare Spuren der Verkarstung (Kalklösung) auf (Abb. 169). In den massigen Felsen auf der linken Seite sind höhlenähnliche Gebilde entstanden. Auf der gegenüberliegenden Seite fallen muldenförmige Dellen im Kalkstein auf. Es sind sog. Dolinen (Einbruchs-Trichter), die infolge von Kalklösung im Untergrund eingebrochen sind. Die Hohlformen sind weitgehend mit kaltzeitlichem feinkörnigem Löss aufgefüllt. Die Steilwand des ehemaligen Steinbruchs ist ein senkrechter Schnitt durch den Untergrund der Landschaft. Hier wird offensichtlich, wie schroff die Landschaft ohne die ausgleichende Wirkung des Lösses wäre. Die Oberkante der Wand ist fast eben. Landwirtschaft in Rheinhessen wäre ohne Löss vielerorts nicht möglich. Löss aus der eiszeitlichen Mammutsteppe gilt als Segen für die heutige Landwirtschaft. Insbesondere Zuckerrüben, Weizen und Braugerste profitieren davon, nicht zu vergessen auch einige Weinbergslagen. Auch ein Resultat gravierenden Klimawandels in der jüngeren Erdgeschichte.

Abb. 169 Aufgelassene Kalksteinbrüche Rosengarten bei Gundersheim

Nach wenigen Metern haben wir auf unserem Weg das Niveau des überlagernden Lösses erreicht. Am oberen Ende des Pfades angekommen, haben wir einen Blick über die ausgeglichene Landschaft Rheinhessens mit sanft geschwungenen Hügeln und weiten Tälern. Es hätte für die Entwicklung Rheinhessens ohne die vielfältigen Klimawandel im Eiszeitalter auch anders kommen können. Glück gehabt.
Gundersheim liegt vor uns. Die Wege führen uns zurück zu unserem Ausgangspunkt. Im Ortszentrum erinnert die Statue eines Steinbrechers an die Phase der Kalkgewinnung in der Vergangenheit. Vermutlich wurden die Steinbrüche seit einigen Jahrhunderten betrieben, wie vielerorts in der Region. Andernorts sind sie verschwunden, vermutlich durch Auffüllungen, um die Flächen anschließend landwirtschaftlich zu nutzen. In der Zeit der 20er- bis in die 50er-Jahre wurden die Steinbrüche von der Zuckerfabrik in Offstein im Rahmen der Zuckerherstellung betrieben. In diesem Zusammenhang wird dem Zuckerrohsaft (Melasse) Löschkalk zugesetzt, um alle „Nicht-Zuckerstoffe" zu binden und auszufällen. Das Resultat sind weiße Zuckerkristalle, wie wir sie tagtäglich verwenden. Sie verfeinern mir den Espresso.
Viele der älteren Häuser, Mauern und Scheunen sind aus hellgrauweißlichen Kalksteinen erbaut, die das Ortsbild von Gundersheim prägen und von der Zeit seiner Entstehung erzählen.

Abb. 170 Typischer Algenkalk mit „Blumenkohl-Strukturen" aus der Lagune des Mainzer Beckens

Fenster in den Ur-Rhein

Einblicke in die Ur-Rhein-Ablagerungen können wir derzeit in den Sandgruben auf der Napoleonshöhe im Norden von Sprendlingen, in zwei Sandgruben östlich von Aspisheim und in zwei ehemaligen Sandgruben im Südwesten von Laurenziberg erhalten.
Die Abbauverhältnisse in Sandgruben können sich deutlich schneller verändern als in Steinbrüchen. Abbaustellen sind grundsätzlich in Privatbesitz und nicht öffentlich zugänglich. Radlader, Bagger und Lkw sind Maschinen, die nicht auf Besucher eingestellt sind. Daher empfehle ich ganz dringend, die Gruben lediglich von außerhalb in Augenschein zu nehmen. Da sind Sie auf der sicheren Seite. Frisch abgegrabene Wände können durch Druckentlastung ohne Vorwarnung instabil werden und abbrechen, womit schlicht und einfach akute Lebensgefahr droht. Bei speziellem Interesse empfehle ich Ihnen grundsätzlich, Kontakt mit dem jeweiligen Betreiber aufzunehmen. Er ist verantwortlich für den Betrieb und kann ein Betreten genehmigen oder auch verweigern.

Weitere Informationen zur Napoleonshöhe finden Sie unter: https://www.sprendlingen.de/kultur/historie/.

Ur-Rhein-Sande bei Sprendlingen

Die Sandgruben erreichen wir am einfachsten von Sprendlingen über die L 415 in Richtung Oberhilbersheim. Serpentinen sind nicht generell typisch für Hochgebirge. Es gibt sie auch in Rheinhessen. Oben angekommen, treffen wir auf eine Kreuzung. Auf der linken Seite (nach Wes-

Informationen zu weiteren Wandertouren rund um Sprendlingen finden Sie unter: https://www.sprendlingen.de/tourismus/wandern/.

Abb. 171 Pseudogley. Fossile Bodenbildung im Einflussbereich zwischen Staunässe und Trockenheit aus dem Zeitraum zwischen Ur-Rhein-Ablagerungen und dem Ende der letzten Kaltzeit. Bildbreite ca. 1 m

ten) bietet der rekonstruierte Napoleonsturm einen fantastischen Blick über das südliche Rheinhessen bis zum Donnersberg. Eine gedachte Ebene von Plateau zu Plateau zeigt uns auf, welch unvorstellbare Massen an Gestein im Eiszeitalter in Rheinhessen inzwischen abgetragen sind. Setzen wir den Weg entlang der Baumreihe in Richtung Wald fort, treffen wir auf die Umrandung der Sandgrube. Erneut öffnet sich hier ein Fenster in die Erdgeschichte, denn ohne die Sandgruben hätten wir lediglich aus Bohrungen Kenntnisse über die Abfolgen des Untergrundes.

Zuoberst überlagert hellbeiger eiszeitlicher Löss von durchschnittlich 5 bis 8 m Schichtdicke die Ur-Rhein-Sedimente. Deren Oberkante besteht aus einem kräftig rot-braun-hellgrauen Band einer Bodenbildung. Bodenkundler bezeichnen diese Strukturen als Pseudogley (Abb. 171). Es handelt sich um Wechselbedingungen in der Bodenstruktur zwischen Stauwasser und Trockenheit. Oxidation und Reduktion. Erinnern Sie sich an Ihren Chemieunterricht? Hier, in der Sandgrube, können wir den Verlauf der Wurzeln aus einer früheren Zeit nachvollziehen, entstanden in einer Phase zwischen der Zeit des Ur-Rheins vor 10 Millionen Jahren und dem Beginn des Eiszeitalters seit 2,6 Millionen Jahren.

Unterhalb der Bodenbildung folgen die gelblichen Sande und Kiese des Ur-Rheins (neu: Eppelsheim-Formation, alt: Dinotheriensande). Die vereinzelt großräumigen Schrägschichtungskörper der gelblichen, vereinzelt gebleichten Sedimente in Verbindung mit linsenförmigen Einlagerungen von Kiesschnüren dokumentieren einen zumindest teilweise verwilderten Fluss mit Sandbänken und verzweigten Flussrinnen vor etwa 10 Millionen Jahren.

Ur-Rhein-Sande auf dem Laurenziberg

Die seit längerer Zeit auf dem Laurenziberg aufgelassenen Sandgruben des Ur-Rheins oben auf dem Plateau sind eindrucksvolle Dokumente für die vielfach dramatischen Veränderungen in der Erdgeschichte Rheinhessens.

Als Ausgangspunkte dienen die Ortsmitte von Laurenziberg oder das Kloster Jakobsberg, wo sich ausgewiesene Parkplätze befinden.

Die 10 Millionen Jahre alten Ur-Rhein-Sande liegen gegenwärtig bei etwa 240 m NN, während der heutige Rhein bei Bingen auf einer Höhe von 90 m NN fließt. Vom nahe gelegenen Kloster Jakobsberg (Abb. 172) hat man einen eindrucksvollen Blick auf Bingen, den Rheingau und im Hintergrund auf Hunsrück und Taunus. Hier wird die Differenz zwischen dem Plateau mit den Ur-Rhein-Sanden und dem heutigen Rheinverlauf offensichtlich.

Die aufgeschütteten Wälle der aufgelassenen Sandgruben im Südwesten zeigen uns den Weg. Vor 10 Millionen Jahren floss hier der Ur-Rhein von Worms aus in Richtung Bingen (vgl. Abb. 91). Der Ur-Rhein folgte damals den tiefsten Stellen in Rheinhessen nach Nordwesten in Richtung Nordmeer. In der Folgezeit wurden Rheinhessen wohl durch den Schub der Alpenauffaltung allmählich angehoben und der Oberrheingraben zwischen Worms und Mainz schrittweise abgesenkt. Somit wurde der Rhein zunehmend nach Osten abgelenkt. Heute muss er den Umweg über Mainz nehmen.

Abb. 172 Kirche des Klosters Jakobsberg

Im Gegensatz zu den Sandgruben auf der Napoleonshöhe fehlt hier im Norden die Überdeckung aus Löss. Sie wurde infolge der Erosion abgetragen. Daher liegen die Ur-Rhein-Sedimente hier unmittelbar unter der Erdoberfläche, erkennbar an den vielen kleinen schneeweißen Quarzgeröllchen auf den Zuckerrübenfeldern. Geologen sprechen von Milchquarzen.

Die noch erhaltenen Sandgrubenwände verbuschen zusehends, sodass nur noch an einigen Stellen die gelblichen Sedimente ins Auge fallen.

Kies-/Sandgrube im Nordwesten von Dorn-Dürkheim

Die Funde der Grabungen in Dorn-Dürkheim befinden sich heute im Senckenberg-Museum in Frankfurt am Main.

Inzwischen ist die Steilwand verbuscht und verrutscht, sodass man die etwas komplizierte Schichtenfolge beginnend mit Meeresablagerungen der Alzey-Formation bis zu den fossilführenden Sedimenten der Dorn-Dürkheim-Formation kaum noch erkennen kann (vgl. Abb. 93). Auf alle Fälle ist die Steilwand die Typuslokalität für die 8 bis 9 Millionen Jahre alte Dorn-Dürkheim-Formation. Überraschenderweise stießen die Wissenschaftler des Senckenberg-Instituts dann oberhalb der Fundstelle in den benachbarten Weinbergen auf Sedimente mit Fossilien einer Warmzeit des mittleren Pleistozäns (mittleres Eiszeitalter). Ein markanter Hinweis auf die Fundstelle ist die außerordentlich schön gestaltete Evolutionssäule, die unmittelbar nordwestlich der weitgehend verbuschten Fundstelle steht. Wenige Meter entfernt dokumentiert die Skulptur eines unserer Vorfahren deren frühe Kreativität in der damaligen Umwelt der Region.

Bohnerze auf dem Wißberg bei Gau-Bickelheim

Etwa 500 m westlich des Hofguts, dem Zentrum des Golfplatzes auf dem Wißberg bei Gau-Bickelheim, liegen Bohnerze zuhauf in den Weinbergen (Abb. 173). Hier wurden sie nicht so akribisch aufgesammelt wie auf dem Plateau vom Kloppberg bei Hochborn (vgl. S. 158 f.) oder anderen rheinhessischen Plateaubergen.
Vom Zentrum der Ortsgemeinde Gau-Bickelheim nehmen wir an der Ampelanlage bei der Kirche die Straße nach Norden in Richtung Wißberg. Nach der Überquerung der Bahngleise führt der Weg entlang des

Abb. 173 Zufahrt zum Wißberg von Gau-Bickelheim

Kreuzwegs hoch zur neu renovierten Kreuzkapelle. Ab dem ersten Drittel des Weges sind Risse und Wellen im Asphalt unübersehbar. Es sind die Folgen des instabilen Untergrundes. Davon ist auch immer wieder die Kreuzkapelle betroffen. In den Weinbergsböden links und rechts des Wegs finden wir kleine weiße Gehäuse von Spitzkegelschnecken. Sie sind in Rheinhessen „Leitfossilien" für rutschgefährdete Areale (vgl. Abb. 76). Nach einer großen Schleife oberhalb der Kapelle gelangen wir an die Plateaukante. Wir folgen dem Weg nach Westen (nach links). Nach wenigen Hundert Metern zweigt im spitzen Winkel ein betonierter Feldweg nach links ab, der nach wenigen weiteren Metern im Nichts endet. Der weitere Verlauf ist vor einigen Jahren abgerutscht.
Hier sind wir an unserem Ziel angekommen: An der Abzweigung kann man auf der rechten Seite im roten Boden der Weinberge die Bohnerze nicht übersehen. Zudem hat man von hier oben bei gutem Wetter einen fantastischen Blick über die Landschaft des südlichen Mainzer Beckens bis hin zum 686 m hohen Donnersberg.

Abrisskante und Rutschungen am Wißberg

Und wenn wir schon mal vor Ort sind: Die Südflanke des Wißbergs ist eines der bestuntersuchten Hangrutschgebiete in Rheinhessen und damit ein Paradebeispiel für die Region. Der oben erwähnte abgerutschte Betonweg ist ein vortreffliches Beispiel dafür. Die Scholle an der Hangkante hat sich mitsamt dem restlichen Betonweg etwa 10 m abgesenkt und verläuft in diesem Niveau weiter.
Der nach Süden exponierte Hang des Plateaus bietet eigentlich optimale Bedingungen für den Weinbau, wenn er denn nicht immer wieder ins Rutschen geraten würde. Die Ursache dafür ist der geologischen Situation geschuldet. Bereits in der Tallage stehen die mergelig-sandigen Sedimente mit kleinen spitzkegelförmigen Schneckenhäusern der Stadecken-Formation (Schleichsand-Mergel) an. Darüber folgen ähnliche Ablagerungen der Sulzheim-Formation (Cyrenenmergel) mit den etwa fingernagelgroßen rundlichen Schalen der Brackwassermuschel *Polymesoda subarata subarata* (früher namensgebend *Cyrena convexa*). Im höheren Bereich des Hanges findet man ovale, an Schwalbennester erinnernde Gebilde (vgl. Abb. 115). Es sind von sog. Cyanobakterien und womöglich auch Algen durch Fotosynthese gebildete Kalkumkrustungen auf Klappen von Süßwassermuscheln (vgl. S. 92 f.). In diesem Bereich ist man im Niveau der Jakobsberg-Formation (Süßwasserschichten) angelangt. Das Meer ist erstmal verlandet, nun herrschen Festlandsverhältnisse mit vereinzelten Süßwasserseen.
Die hangaufwärts folgenden Sedimente des nächsten Meeresvorstoßes in Form der tonig-mergeligen Ablagerungen der Weisenau-Formation (Untere Cerithienschichten) sind am Wißberg weitgehend unauffällig. Erst knapp unterhalb der Hangkante machen sich stär-

ker kalkige Sedimente bemerkbar. Hier treten hellgrau-gelbliche kalkige Sedimente der Oberrad-Formation (Obere Cerithien-Schichten) u. a. mit kleinen Spitzkegelschnecken, Dreiecksmuscheln und Wattschnecken zutage. Allerdings verwächst der Aufschluss zusehends, sodass er bald nicht mehr zugänglich sein wird.
Wenige Zehnermeter weiter nach Osten sind wir auf dem vorher genannten abgerutschten Betonweg. Hier kann man unterhalb der Hangkante Algenkalke der Rüssingen-Formation (Corbicula-Schichten) erkennen, sichtbar an ihrer „Blumenkohl-Struktur". Vielleicht haben Sie Lust, im Gasthof beim Golfplatz einzukehren. Es lohnt sich. Ansonsten kehren wir auf einem der vielen Feldwege zurück nach Gau-Bickelheim. Dabei werden Ihnen die welligen Wege, die verbuschten Parzellen und die zahlreichen Drainagen auffallen. Sie sind unübersehbare Anzeichen für die Rutschungen im Untergrund.

Abb. 174 Ausgelenkte, ursprünglich gerade angelegte Weinbergszeilen auf der Ostflanke des Petersbergs bei Gau-Odernheim

Petersberg bei Gau-Odernheim

Auf den Petersberg führen vier Wege unterschiedlicher Länge, die alle über die Petersberghalle zu erreichen sind. Eine Wanderkarte finden Sie unter: https://www.kulturweg-petersberg.de/2014-10-26-16-54-31/foerderung-9.

Eine vergleichbare Situation mit Hangrutschungen (Abb. 174) finden wir rings um den Petersberg bei Gau-Odernheim. Im Gegensatz zu den typischen Plateaubergen des Mainzer Beckens hat er die unverwechselbare Silhouette einer flachen Pyramide, entstanden im mehrfachen Klimawandel des Eiszeitalters. Rings um den Hügel haben sich Schollen bis in die Gegenwart in Bewegung gesetzt und sind abgerutscht. Als das ursprünglich schützende Kalkplateau abgetragen war, ist er wohl zum Ende der letzten Kaltzeit fast wie ein „Pudding" zerflossen.
Am Ortsrand im Osten von Gau-Odernheim starten wir an der Petersberghalle über die Feldwege in Richtung Gipfel. Selbst für den Geologen ist es erstaunlich, dass ein Teil der Grundmauern der Krypta der ehemaligen St.-Peter-Kirche noch erhalten ist. Das Areal auf dem Gipfel war zur Bestandszeit der Kirche sicherlich bedeutend größer als in der Gegenwart. Heute unvorstellbar, dass hier oben im Mittelalter noch Jahrmärkte abgehalten worden sein sollen. Die Basilika wurde wohl im Dreißigjährigen Krieg zerstört. Demnach müssen wohl im Laufe der anschließend folgenden „Kleinen Eiszeit" episodisch starke Niederschläge großflächige Rutschungen verursacht haben, die die Gipfelregion in eklatanter Weise verringert haben.

Der Berg besteht vorwiegend aus den rutschanfälligen, teilweise sandigen Tonmergeln der Stadecken- und Sulzheim-Formationen (Schleichsand-Mergel und Cyrenenmergel). Ursprünglich schnurgerade angelegt, sind inzwischen jedoch ausgelenkte (verbogene) Weinbergszeilen Belege für die weiterhin andauernden Hangbewegungen. Zahlreiche Weinberge wurden daher aufgegeben und sind mittlerweile verbuscht – in Rheinhessen ein untrügliches Zeichen für Rutschungsareale.

Hier oben hat man einen fantastischen Rundumblick über Rheinhessen. Am Horizont im Norden Hunsrück und Taunus, davor der Lerchenberg mit dem ZDF in Mainz, im Osten der Odenwald, im Südwesten der Pfälzerwald mit angrenzendem Donnersberg und im Westen das Nordpfälzer Bergland mit dem Rotenfels („Fernsehturm") bei Bad Kreuznach. In der Zeit um Ostern sind die Wildtulpen in den Weinbergszeilen im südöstlich anschließenden Lieberg ein ganz besonderes Erlebnis.

Abb. 175 Lösshohlweg bei Alsheim

Lösshohlwege bei Alsheim

Alte, vielleicht uralte, tief in den Untergrund eingefräste Feldwege (Abb. 175) verbinden den tiefer liegenden Ortskern von Alsheim nach Westen mit den höher gelegenen Feldern und Weinbergen auf dem Plateau des Mainzer Beckens. Hier verläuft die Abbruchkante zwischen dem Mainzer Becken und dem Oberrheingraben. Im Laufe der Zeit tieften sich diese Verbindungswege zunehmend in die schwach verfestigten Lösssedimente der Region ein.

Hinweise zur Lage der Hohlwege und weitere Informationen finden Sie auf der Website: http://www.hohlwege-alsheim.de sowie unter https://www.worms-erleben.de/erleben/geniessen-und-bewegen/radfahren-und-wandern/hohlwege-alsheim.php.

Stellenweise hat man von hier oben einen großartigen Blick auf den Odenwald, die Skyline von Frankfurt sowie auf den Großen Feldberg im Hintergrund der Katharinenkirche von Oppenheim. Zum tiefer liegenden Oberrheingraben hin folgen nach Osten bei der B 9 die Flugsanddünen des Oberrheingrabens bei Eich. Spargelanbau auf langgestrecktem welligem Gelände signalisiert Sandböden, entstanden aus Flugsanddünen der letzten Kaltzeit von vor etwa 13.000 Jahren.

Zurück zu den Hohlwegen. Es ist immer wieder erstaunlich, wie das feinkörnige schluffige Sediment den Regen in kürzester Zeit einfach wegsteckt. Niederschläge werden aufgesaugt wie von einem Schwamm. Steilwände bleiben bestehen (vgl. Abb. 132). Ähnlich wie die Aufnahme von Feuchtigkeit verläuft die allmähliche Abgabe an die darauf gedeihenden Pflanzen. Ein Segen für die Landwirtschaft. Stellenweise sind die charakteristischen, häufig stecknadelkopfgroßen tönnchenförmigen Lössschnecken erkennbar, nicht zu verwechseln mit den zentimetergroßen Gehäusen der Zebrinaschnecken vom letzten Jahr.

Schwefelquellen bei Osthofen und Bechtheim

Schwefelquellen treten in Rheinhessen an mehreren Stellen an die Oberfläche, so beim Ortsteil Mühlheim nördlich der L 386 zwischen West- und Osthofen im Einzugsbiet des Seebachs als Quellpunkte (Abb. 176). Weißlich-graue Ausfällungen an der Oberfläche von Wasserpflanzen und Algen im Umkreis der Quellen sind optische Signale für Ausblühungen von Schwefelmolekülen. Die Quellen liegen bei bzw. innerhalb der Häusergruppe ein wenig versteckt an den schmalen Wasserläufen entlang der Schleifgasse.
Eine weitere Schwefelquelle tritt östlich von Bechtheim zutage. Es gibt zwar innerorts den einen oder anderen Wegweiser, der jedoch nicht immer auffällt. Auf keinen Fall sollten Sie sich einen Blick in die dreischiffige romanische Basilika St. Lambertus in der Ortsmitte entgehen lassen, in deren Krypta noch Reste alter Wandmalereien erhalten sind. Verfolgt man die Position der Austrittstellen auf einer Geologischen Karte der Region, so stellt man fest, dass sie nahezu vollständig auf einer Bruchlinie der Erdkruste liegen. Geologen bezeichnen solche tief reichenden Klüfte als Störung. Setzt man diese Linie nach Nordosten fort, gelangt man zwischen Oppenheim und Nierstein auf die Position des römischen Sironabades, wo sich kalte Schwefelquellen befinden, die damals zur Heilung von Erkrankungen genutzt wurden.

Abb. 176 Austritt einer Schwefelquelle in Mühlheim bei Osthofen mit typischen grauweißen Schwefelausfällungen

MUSEEN MIT GEOLOGISCH-PALÄON-TOLOGISCHEN SCHWERPUNKTEN IM GROSSRAUM RHEIN-MAIN

Museen in der Region wie das Museum in Alzey, das Naturhistorische Museum in Mainz, das Senckenberg-Museum in Frankfurt, das Landesmuseum in Darmstadt, aber auch das Museum in Nierstein und neuerdings das Museum in Flonheim dokumentieren die Vielfalt des Lebens im Meer des Mainzer Beckens vor 30 Millionen Jahren. Die nachfolgende Liste ist alphabetisch nach den Orten, in denen die Museen ansässig sind, sortiert.

Museum der Stadt Alzey
Geologische Abteilung mit dem Schwerpunkt Fossilien des Tertiärs
Antoniterstraße 41
55232 Alzey
06731 498896
https://www.museum-alzey.de/

Pollichia-Museum in Bad Dürkheim
Schwerpunkt Minerale, Gesteine und Fossilien aus dem Rotliegend, dem Tertiär und dem Quartär
Hermann-Schäfer-Straße 17
67098 Bad Dürkheim
06322 94130
https://www.pfalzmuseum.de/

Landesmuseum Darmstadt
Schwerpunkt Gesteine und Minerale sowie Fossilien aus dem Tertiär und Quartär
Friedensplatz 1
64283 Darmstadt
06151 1657000
https://www.hlmd.de/

Dinotherium-Museum in Eppelsheim
mit Fossilien und Informationen über den Ur-Rhein
Zwerchgasse 17
55234 Eppelsheim
06735 1550
https://www.dinotherium-museum.eppelsheim.de/

Ortsmuseum Flonheim
Schwerpunkt Gesteine und Fossilien
Marktplatz 12
55237 Flonheim
06734 9130657
https://www.flonheim.de/tourismus-kultur/infothek-orts-museum.html

Senckenberg-Museum in Frankfurt
Internationale Sammlungen aus verschiedenen Epochen, einer der Schwerpunkte: Grube Messel
Senckenberganlage 25
60325 Frankfurt
069 75420
https://museumfrankfurt.senckenberg.de/de/

Museum der VG Eich in Gimbsheim
Schwerpunkt Eiszeitalter im (Eiszeitraum)
Hauptstraße 10
67578 Gimbsheim
06249 6394
http://museum-vg-eich.de

Naturkunde-Museum in Karlsruhe
Exponate vom Erdaltertum bis in die Gegenwart
Erbprinzenstraße 13
76133 Karlsruhe
0721 1752111
http://www.smnk.de

Urweltmuseum Geoskop in Kusel
Schwerpunkt Gesteine und Fossilien aus dem Rotliegend
Burg Lichtenberg (Pfalz)
Burgstraße 19
66871 Thallichtenberg
06381 993450
https://www.urweltmuseum-geoskop.de/deutsch/geoskop/burg/

Naturhistorisches Museum in Mainz
Geologische Abteilung mit den Schwerpunkten Devon, Rotliegend, Tertiär und Quartär
Reichklarastraße 1 und 10
55116 Mainz
06131 122646
https://www.mainz.de/microsite/naturhistorisches-museum/index.php

Reiss-Engelhorn-Museen in Mannheim
Menschheitsgeschichte im Quartär
Museum Weltkulturen D5
68159 Mannheim
0621 2933771
https://www.rem-mannheim.de

Welterbe Grube Messel gGmbH bei Messel
Exponate aus den Sedimenten des Eozäns
Roßdörfer Straße 108
64409 Messel
06159 717590
https://www.grube-messel.de

Paläontologisches Museum Nierstein (Museum Stapf)
Exponate vom Kambrium bis zum Tertiär
Marktplatz 1
55283 Nierstein
06133 58760
https://www.museum-nierstein.de

Hessisches Landesmuseum für Kunst und Natur in Wiesbaden
Gesteine und Fossilien vom Devon bis zum Quartär
Friedrich-Ebert-Allee 2
65185 Wiesbaden
0611 3352250
https://www.museum-wiesbaden.de

BIBLIOGRAFIE

Anderle, H.-J./Schindler, T./Wuttke, M./Zinkernagel, U. (2011): Goethes „Urbreccie" – ein verkieselter Hangschutt im nordwestlichen Mainzer Becken (Tertiär, Paläogen; SW-Deutschland) und seine Genese. – Jb. nass. Ver. Naturkde. 132, S. 61–107, 28 Abb., 2 Tab., 1 Anh., Wiesbaden.

Bartz, J. (1940): Die Bohnerzablagerungen in Rheinhessen und ihre Entstehung. – Arch. Lagerstättenforsch. 72: 57 S., 20 Abb., Berlin.

Bechtolsheimer, H. (1907): Das Hungerjahr. – 250 S., Verlag des Volksbildungsvereins Wiesbaden in der 1. Auflage. Vorliegend: 3. Auflage 1977, Verlag Rheinhess. Druckwerkstätte, Alzey.

Beinhauer, K. W./Wagner, G. A. [Hrsg.] (1992): Schichten von Mauer – *85 Jahre Homo erectus heidelbergensis*. – Begleitbuch zur Ausstellung: 192 S., zahlr. Abb., Reiß-Museum, Mannheim (Ed. Braus).

Bender, U./Streif, H. [Hrsg.] (2000): Klimafakten. Der Rückblick – Ein Schlüssel für die Zukunft. – S. 3–238, zahlr. Abb., 2., verbess. Aufl., Schweizerbart'sche Verlagsbuchhandlung Stuttgart.

Beutler, E. (1950): Vorwort zu: Johann Wolfgang von Goethe: Sankt Rochusfest zu Bingen und Aquarellen von Rudolf Fuchs. – 40 S., 8 Aquarelle, Steffen Verlag, Limburg.

Blümel, W. D. (2006): Klimafluktuationen – Determinanten für die Kultur- und Siedlungsgeschichte? – Nova Acta Leopoldina, NF 94, Nr. 346, S. 13–36, 10 Abb., 1 Tab., Halle (Saale).

Böhme, M./Aiglstorfer, M./Uhl, D./Kulmer, O. (2012): The Antiquity of the Rhine River: Stratigraphic Coverage oft the Dinotheriensande (Eppelsheim Formation) of the Mainz Basin (Germany). – PloS ONE, Bd. 7, Ausg. 5: 15 S., 8 Abb., 3 Tab., (Open@access Free available online).

Boigk, H. (1981): Erdöl und Erdölgas in der Bundesrepublik Deutschland. Erdölprovinzen, Felder, Förderung, Vorräte, Lagerstättentechnik. – 330 S., 109 Abb., 2 Falttaf., 51 Tab., Enke Verlag, Stuttgart.

Dittrich, D. (2013): Wüsten und Meere – Die Pfalz im Erdmittelalter. – Beiträge zur Geologie der Pfalz. – Veröff. Pfälz. Ges. Förd. Wissensch., 110: S. 20–34, 14 Abb., Speyer.

Ehlers, J. (2011): Das Eiszeitalter. – 363 S., zahlr. Abb. u. Tab., Spektrum Akademischer Verlag, Heidelberg.

Engesser, B./Fejfar, O./Major, P. (1996): Das Mammut und seine ausgestorbenen Verwandten. – Veröff. Naturhist. Mus. Basel, 20: 186 S., zahlr. Abb., Basel.

Fischer, N./Aiglstorfer, M./Herkner, B. (2020): Wilde Welten der Urzeit. – 144 S., zahlr. Abb., Nünnerich-Asmus-Verlag, Oppenheim [Hrsg.: Naturhist. Museum Mainz].

Franzen, J. L. (1999): The Early Pleistocene Teeth and Bone Accumulation of Dorn-Dürkheim 3 (Germany, Rheinhessen): Natural or Man-Made? – In: The Role of Early Humans in the Accumulation of European Lower and Middle Paleolithic Bone Assemblages. – Monograph. Römisch-Germanisch. Zentralmuseum, 42, S. 41–56, 11 Abb., Mainz.

Franzen, J. L./Roos, H./Probst, E. (2009): Das Dinotherium-Museum in Eppelsheim. Führer durch die Ausstellung. – 92 S., 52 Abb., Förderverein Eppelsheim.

Frey, E./Gebhardt, U. (2018): Flusspferde am Oberrhein – wie war die Eiszeit wirklich? – Karlsruher Naturhefte 6, 160 S., zahlr. Abb., Staatl. Mus. Naturkunde, Karlsruhe.

Goethe, J. W. v. (o. D.): Italienische Reise. – 605 S., Reclam Taschenbuch Nr. 20609, Ditzingen.

Goethe, J. W. v. (1817): Über Kunst und Altertum in den Rhein- und Maingegenden. – Aus dem Sammelwerk: Kunst und Altertum: 6 Bände in 18 Heften (1816–1832): Heft 2, Cotta, Stuttgart.

Grimm, K. I./Grimm, M. C./Schindler, Th. (2000): Lithostratigraphische Gliederung im Rupelium/Chattium des Mainzer Beckens, Deutschland. – N. Jb. Geol. Paläont. Abh. 218 (3): S. 343–397, 4 Abb., Schweizerbarth, Stuttgart.

Hagn, H. (1981): Zur Geologie der Bayerischen Alpen und ihres Vorlandes: 1. Allgemeiner Überblick. – Geologica Bavarica 82: 11–14, 1 Abb., München.

Haneke, J. (2013): Sedimentation und Magmatismus – Die Pfalz im Paläozoikum. – Beiträge zur Geologie der Pfalz. – Veröff. Pfälz. Ges. Förd. Wissensch., 110: S. 9–19, 15 Abb.; Speyer.

Koenigswald, W. v. (1982): Das Dinotherium von Eppelsheim. – 782–1982. 1200 Jahre Eppelsheim, S. 17–29, 6 Abb., Verlag Rheinhess. Druckwerkstätte, Alzey.

Koenigswald, W. v. (2010): Lebendige Eiszeit. Klima und Tierwelt im Wandel. – 190 S., 198 Abb., (Sonderausgabe 2010), Primus-Verlag, Darmstadt.

Kuhn, W. (2002): Meeresbrandung im Mainzer Becken. – Heimatjahrbuch Alzey-Worms 2002: S. 165–169, 5 Abb., Alzey.

Kuhn, W. (2016): Bioerosion im westlichen Mainzer Becken. – Mainzer geowiss. Mitt., 44, S. 63–72, 5 Abb., Mainz.

Kuhn, W. (2020): Stein und Wein – Was ist Mineralität? – Das Deutsche Weinmagazin, 19, (12.9.2020): S. 34–37, 9 Abb., Fachverlag Dr. Fraund, Mainz.

Kuhn, W./Neuffer, F. O. (1999): Geotope im Mainzer Becken, Positiv- und Negativbeispiele. – Schriftenreihe dt. geol. Ges., 8: S. 151–163, 12 Abb., Hannover.

Leinfelder, R./Hartkopf-Fröder, Ch. (1990): In situ accretion mechanism of concavo-convex lacustrine oncoide („swallow nests") from the Oligocene of the Mainz Basin, Rhineland, FRG. – Sedimentology (1990) 37, S. 287–301, 12 Fig.

Lorenz, V. (1973): Zur Altersfrage des Kreuznacher Rhyolithes unter besonderer Berücksichtigung der Stratigraphie und Überschiebungstektonik in seiner südlichen Umrandung (Saar-Nahe-Gebiet, SW-Deutschland). – N. Jb. Geol. Paläont. Abh., 142 (2): S. 139–164, 8 Abb., Stuttgart.

Meyer, W./Stets, J. (1996): Das Rheintal zwischen Bingen und Bonn. – Sammlung geol. Führer, 89: 386 S., 44 Abb., Borntraeger, Berlin, Stuttgart.

Murawski, H. (1992): Geologisches Wörterbuch. – 9. völlig überarb. und erweit. Aufl., 254 S., 81 f. Abb., 7 Tab. im Anhang, Enke Verlag, Stuttgart.

O. A. (o. D.): https://www.wetter.rlp.de/Agrarmeteorologie (aufgerufen am 08.03.2023).

O. A. (o. D.): Silicate. URL: https://de.wikipedia.org/wiki/Silicate (aufgerufen am 27.02.2023).

O. A. (o. D.): Innerer Aufbau der Erde. URL: https://de.wikipedia.org/wiki/Innerer_Aufbau_der_Erde (aufgerufen am 27.03.2023).

O. A. (o. D.): Hallstatt (Archäologie). URL: https://de.wikipedia.org/wiki/Hallstatt_(Arch%C3%A4ologie) (aufgerufen am 27.02.2023).

O. A. (o. D.): Western Deep Levels. URL: https://de.wikipedia.org/wiki/Western_Deep_Levels#:~:text=Sowohl%20die%20Mponeng%2DMine%20(3777,zeitweise%20mit%203%2C7%20km (aufgerufen am 27.02.2023).

Plein, E. (1992): Das Erdölfeld Eich-Königsgarten (Exkursion E am 23.4.1992). – Jber. Mitt. Oberrhein. Geol. Ver., N.F. 74, S. 41–54, 10 Abb., Stuttgart.

Probst, E. (2008): Der Ur-Rhein. Rheinhessen vor zehn Millionen Jahren. – 256 S., zahlr. Abb., GRIN-Verlag, München, Ravensburg.

Protsch, R. (1992): Der Unterkiefer (Mandibula) von Mauer (*Homo erectus heidelbergensis*). – In: Beinhauer, K. W./Wagner, G. A. [Hrsg.] (1992): Schichten von Mauer – *85 Jahre Homo erectus heidelbergensis*. – Begleitbuch zur Ausstellung: S. 36–45, 2 Abb., 1 Tab., Reiß-Museum, Mannheim (Ed. Braus).

Rheinhessenwein [Hrsg.] (o. D.): Gute Gründe für Rheinhessenwein. Steine. Böden. Terroir. – 52 S., zahlr. Abb., Alzey.

Rogall, M. (in Vorber.): „Risikogebiete" des linksrheinischen Mainzer Beckens 1:50.000. – 3. Aufl. (Landesamt für Geologie und Bergbau Rheinland-Pfalz), Mainz.

Rogall, M./Schmitt, S.-O. (2005): Hangstabilitätskarte des linksrheinischen Mainzer Beckens 1:50.000. – 2. Aufl. (Landesamt für Geologie und Bergbau Rheinland-Pfalz), Mainz.

Rothausen, K./Sonne, V. (1977): Geologie und Lebensraum. Die geologisch-paläontologischen Naturdenkmäler der Stadt Alzey. – Alzeyer Geschichtsbl., Sonderheft 7 [Festschrift 700 Jahre Stadt Alzey]: S. 166–185, 13 Abb., Alzey.

Rothausen, K./Sonne, V. (1984): Mainzer Becken. – Sammlung geol. Führer 79: 203 S., 21 Abb., 3 Tab., 47 Taf., Berlin, Stuttgart.

Schäfer, P. (2012): Mainzer Becken. Stratigraphie – Paläontologie – Exkursionen. 2., völlig neu bearbeitete Auflage. – 333 S., 44 Farbfotos, 21 Abb., 20 Taf., 14 Tab., Borntraeger, Stuttgart.

Schätzing, F. (2005): Der Schwarm. – 989 S., Fischer Verlag, Frankfurt.

Schätzing, F. (2007): Nachrichten aus einem unbekannten Universum. Eine Zeitreise durch die Meere. – 521 S., 1 Geol. Zeittafel, Kiepenheuer & Witsch, Köln.

Schlüchter, Ch./Jörin, U. (2004): Alpen ohne Gletscher? – Die Alpen 6: S. 33–47, zahlr. Abb., Schweizer Alpen-Club SAC, Bern.

Schlüchter, Chr. (2020): Schweiz ohne Gletscher. – Weltwoche Nr. 43.20: S. 20–21, 1 Abb., Die Weltwoche, Zürich.

Schmidt, K. (1981): 8. Zum tektonischen Bau des Kalkalpen-Nordrandes. – Bayer. Geol. L.A. [Hrsg.]: Die Bayerischen Alpen und ihr Vorland in mikropaläontologischer Sicht. – Geologica Bavarica, 82: S. 54–63, Abb. 16–21, München.

Schmidkonz, B. (2019): Exkursion zur Wiege der Erdölindustrie. – Pollichia-Kurier 35(1): S. 36–37, 3 Abb., Bad Dürkheim.

Schopp, H. (1905): Geologische Mitteilungen über Neu-Bamberg in Rheinhessen. – Notizbl. Ver. Erdkde. Großh. geol. Landesanstalt, IV. Folge, 26 Heft: S. 67–74, 2 Abb., Darmstadt.

Schopp, H. (1911): Geologische Karte des Großherzogtums Hessen 1:25.000. – Blatt Fürfeld, Darmstadt.

Schopp, H. (1913): Erläuterungen zur Geologischen Karte des Großherzogtums Hessen 1:25.000. – Blatt Fürfeld. – 69 S., 1 Abb., Darmstadt.

Schorn, S. (1999–2022): Mineralienatlas. URL: https://www.mineralienatlas.de/lexikon/index.php/Silikat?lang=de (aufgerufen am 08.03.2023).

Schottler, W./Scheu, G. (1925): Die Gelbsucht der Weinberge in der Provinz Rheinhessen und ihr Zusammenhang mit den Bodenverhältnissen. – Arb. Landwirtschaftskammer Hessen, Heft Nr. 35: III–VII, S. 2–47, 6 Tab., 6 Abb., 1 geol.-bodenkundl. Karte der Weinbergsgemarkung von Heßloch 1:3.000; Darmstadt (Exlibris Weinbruderschaft Rheinhessen, Kat.-Nr. WK-b/1).

Schuhmacher, T. (1993): Großbaustelle Kölner Dom. – In: Wolff, A. [Hrsg.] (1993): Studien zum Kölner Dom: S. 149–151, 198–201, 275, 296–297 (leider liegen mir lediglich Auszüge in Form von Fotokopien vor).

Schumann, W. (2002): Der neue BLV Steine- und Mineralienführer. – 383 S., zahlr. Abb. und Tab.; 6. überarb. Aufl., BLV, München.

Schwedt, G. (1998): Goethes Reisen an den Rhein. – 186 S., 33 Abb., Bouvier Verlag, Bonn.

Tecklenburg, Th. (1881): Ueber die Bohnerze in Rheinhessen. – Z. Berg-, Hütten- und Salinenwesen im Preuss. Staate, 29. Band: S. 210–217, Berlin.

Teichmüller, M./Teichmüller, R. (1979): Zur geothermischen Geschichte des Oberrhein-Grabens. Zusammenfassung und Auswertung eines Symposiums. – Fortschr. Geol. Rheinld. u. Westf. 27: 109–120, 4 Abb., Krefeld.

Wagner, W. (1926): Goethe und der geologische Aufbau des Rochusbergs bei Bingen. – Notizbl. Ver. Erdkde. hess. geol. Landesanstalt, 5. Folge, 8. Heft: S. 224–231, 1 geol. Karte 1:25.000; Darmstadt.

Wagner, W./Michels, F. (1930): Erläuterungen zur Geologischen Karte von Hessen 1:25.000. – Blatt Bingen-Rüdesheim. – 167 S., 3 Taf.; Hess. Geol. L.A., Darmstadt.

Wagner, W./Michels, F. (1939): Erläuterungen zur Geologischen Karte von Hessen 1:25.000. Blatt Bingen-Rüdesheim. – 167 S., 3 Taf.; Darmstadt.

Weidenfeller, M. (2012): Eiszeitliche Tierwelt am Oberrhein. – Begleitheft zur Sonderausstellung im Landesamt für Geologie und Bergbau Rheinland-Pfalz aus der Privatsammlung Klaus Reis, Deidesheim: 24 S., 34 Abb., Mainz.

Weidenfeller, M. (2013): Eisige Zeiten – Das Quartär in der Pfalz. – Beiträge zur Geologie der Pfalz. – Veröff. Pfälz. Ges. Förd. Wissensch., 110: S. 69–80, 10 Abb., Speyer.

Wendt, H. (1971): Ehe die Sintflut kam. Forscher entdecken die Urwelt. – 394 S., zahlr. Abb., List-Verlag, München.

BILDNACHWEIS

Alle Bilder, sofern nicht anders verzeichnet, stammen von W. Kuhn. © **Arbeitsgemeinschaft Sieveking von Borck, Bach Dolder, Sabrina Fritz**: Abb. 29, 31; **C. Costard**: Abb. 24; © **Deutsches Weininstitut GmbH**: Abb. 136, 144, 147, 152–153, 155a–b; **S. Dinges**: Abb. 11; © **Franzen, J. L./Roos, H./Probst, E. (2009): Das Dinotherium-Museum in Eppelsheim. Führer durch die Ausstellung, Abb. S. 12**: Abb. 91; © **Geoskop**: Abb. 3–6; © **GeoSphere Austria**: Abb. 41, 55, 64; © **Landesamt für Geologie und Bergbau Rheinland-Pfalz**: Abb. 34, 65, 95, 97–98; © **R. Lang**: Abb. 7, 17, 40, 44–45, 52, 67, 84, 104–105, 109–112, 114, 149–150; © **Naturhistorisches Museum Mainz (Archiv/B. Lischewsky)**: Abb. 20, 27, 28, 30, 36–37; © **pixabay.com**: Abb. 137; © **Press, F./Siever, R. (1995): Allgemeine Geologie. Eine Einführung**: Abb. 102 (S. 11, Abb. 1.7), 103 (S. 37, Abb. 2.19); © **Rheinhessenwein e. V.**: Abb. 142, 146, 156, 164, 168; © **Schäfer, P. (2012): Mainzer Becken. Stratigraphie – Paläontologie – Exkursionen. 2. Auf.**: Tab. 1 (S. 4, Abb. 1), Abb. 35 (S. 4, Abb. 1), Abb. 79 (S. 74, Abb. 8); © **Teichmüller & Teichmüller 1979, S. 113, Abb. 1**: Abb. 59; © **W. Weiler**: Abb. 94, 138; © **Wikimedia Commons**: Abb. 33 (Membeth, CC0 1.0), Abb. 120 (Woudloper, public domain), Abb. 122 (Martin Schildgen, CC BY-SA 3.0), Abb. 123 (Joel E. Robinson, public domain USGS), Abb. 134 (Morn the Gorn, public domain), Abb. 135 (Niki.L, CC-BY-SA-4.0), Abb. 172 (Moguntiner, CC-BY-SA-3.0).